ADHD 우리 아이
어떻게 키워야 할까

부모들이 가장 만나고 싶어 하는
신윤미 교수의 ADHD 양육 바이블

ADHD 우리 아이 ── 어떻게 키워야 할까

신윤미 지음

웅진 지식하우스

일러두기

· 이 책에 등장하는 다양한 사례들은 실제 사례를 재구성한 것으로 아이의 이름은 가명을 사용했습니다.

· 이 책의 모든 표기는 국립국어원 표준국어대사전을 따랐으나 통상적으로 널리 사용되는 일부 외래어의 경우 예외를 적용했습니다. 이밖에 주요 외래어 용어는 원어를 첨자로 병기했습니다.

가장 신뢰하는 소아정신과 전문의 중 한 사람인 신윤미 교수가 쓴 이 책에는 매일의 진료 현장에서 의사들이 ADHD 아이와 가족들에게 알려주고 싶은 모든 내용이 구체적으로 담겨 있다. 아이가 스스로를 조절하고 강점을 발전시켜나가는 긴 여정에 훌륭한 나침반이 될 것이다.

— 김붕년 · 서울대병원 소아정신과 교수

부모는 아이를 키우며 마냥 행복과 기쁨만 느끼지 않는다. 아이를 너무 사랑하기에 '다른 아이들보다 뒤떨어질까봐', '보통 아이들과 조금이라도 다를까봐' 걱정이 많다. 이 책은 부모들의 이런 불안과 걱정을 섬세하게 어루만지는 책이다. 신윤미 교수의 따뜻하고 보석 같은 지침을 통해 부모는 아이를 키우는 기쁨을 한껏 누리고, 아이는 더욱 행복해지길 기대한다.

— 천근아 · 연세대 세브란스병원 소아정신과 교수

어떤 아이는 매일 밤 치열한 고뇌 속으로 부모를 밀어 넣는다. "내가 부족한 걸까, 애가 문제인 걸까?" 나도 그런 아이였다. 오랫동안 '천덕꾸러기', '사고뭉치'로 불렸으나 내게 적합한 명칭은 ADHD였다. 그땐 부모님도 나를 모를 수 있다는 걸 몰랐다. 이 책은 과거로 돌아가 내 부모님께 선물하고 싶은 단 한 권의 책이다. 내 아이의 남다름이 버거운 양육자 분들께 진심으로 이 책을 권한다.

— 정지음 · 『젊은 ADHD의 슬픔』 저자

부모는 보다 편안해지고
아이는 더욱 행복해질 수 있도록

저는 20년째 소아정신과 전문의로 일하고 있습니다. 어릴 적 수학을 좋아해 수학 선생님이 되는 것이 꿈이었지만, 아이들과 이야기하는 것을 워낙 좋아하다 보니 결국은 지금의 일을 하게 됐어요. 그간 대학 병원에서 근무하며 다양한 이유로 마음이 아픈 많은 아이들을 만나왔는데, 그중에서도 주로 '주의력결핍과 잉행동장애'라 불리는 ADHDAttention Deficit Hyperactivity Disorder 아이들과 마음을 나누고 있습니다.

어느 날인가 ADHD로 어려움을 겪던 중 저를 찾아온 초등학교 3학년 아이가 기억납니다. 아이의 일기장에는 이렇게 쓰여 있었어요.

"아침부터 학교 갈 준비를 안 한다며 엄마에게 등짝을 맞았다. 교문에서는 지각했다고 혼났고 담임선생님 눈치를 보면서 교실에 들어갔다. 1교시 수업에 필요한 준비물을 안 가져오는 바람에 멍때리다가 또다시 꾸중을 들었다. 3교시에는 짝꿍과 떠들다가 시비가 붙었는데 선생님은 엄마에게 전화를 하겠다고 하셨다. 하루 종일 기분이 좋지 않았다.

학교 끝나고 간 수학학원에서는 숙제를 안 했다고 혼자 나머지공부를 해야 했다. 겨우 마치고 집에 갔더니 학교에서 있었던 일로 엄마한테 잔소리를 들었다. 저녁을 먹고 있는데 회사에 다녀오신 아빠한테 왜 자꾸 말썽을 피우느냐며 또 혼났다. 나도 잘하고 싶은데 그게 안 되니까 화가 난다."

ADHD 증상은 아이의 대뇌에 있는 전전두엽이 더디게 발달해 나타나는 것으로, 아이 본인의 의지로는 조절이 어렵습니다. 세상에서 누구보다 내 편이어야 할 부모님으로부터 스스로의 의지나 능력으로 조절할 수 없는 말과 행동 때문에 야단맞는 것만큼 서러운 일은 없을 겁니다. 게다가 ADHD 아이들은 집 밖에서도 "쟤는 왜 저러는 거야?"라며 눈총 받는 일도 많지요. 아이들이 설명을 못해서 그렇지, 아무리 어려도 자신을 향한 못마땅한 시선을 충분히 알아차립니다. 이렇게 꾸중과 냉대, 두려움 속에서 자라다 보면 어느새 아이의 마음은 한없이 쪼그라들고 맙니다.

그래서일까요. 그간 제가 ADHD 아이들에게서 강렬하게 느꼈던 감정은 '이해받지 못하는 억울함'이었습니다. 있는 모습 그대로를 이해받지 못해 상처받은 아이들을 볼 때면, '적절한 시기에 치료가 시작됐다면 이 아이의 마음이 이토록 다치는 일은 없었을 텐데' 하는 안타까움이 들곤 했습니다.

물론 당사자인 아이만 힘든 건 결코 아닐 겁니다. 부모님 입장에서도 ADHD인 자녀를 키우다 보면 예상치 못한 변수가 수시로 나타납니다. 이로 인해 가족 구성원의 삶에 많은 영향이 있는데도 무슨 도움을 어디서부터 어떻게 받아야 하는지 세세히 알려주는 곳이 없지요. 그럼에도 소중한 내 아이를 손에서 놓을 수 없어 몸이 부서져라 챙기지만, 아이와 씨름하다 보면 부모님의 몸도 마음도 지치고 고달플 수밖에 없습니다. 특히 가족 중 상대적으로 아이와 많은 시간을 보내는 어머님들은 이런 상황을 아무도 모르는 '힘겹고 외로운 시간'이라고 표현하시기도 합니다.

부모님들 중에는 자녀의 ADHD가 의심되지만 아이를 정신과에 데려가는 것에 부담을 느끼고 차마 병원을 찾아오지 못하는 분들이 계십니다. 그러다 보니 인터넷을 통해 부정확한 정보를 접하고 적절한 치료 시기를 놓치는 안타까운 경우를 종종 봅니다. 그런가 하면 적극적으로 아이와 함께 병원에 다니며 치료에 임하고 있지만, 한정된 진료 시간 내에 궁금한 것을 모두 해결하지 못해 답답한 분들도 계실 겁니다.

이 책은 고군분투하는 부모님들의 부담을 덜어드리려는 작은 시도입니다. 자녀의 ADHD가 의심될 때 부모님이 판단의 기준으로 삼을 수 있는 몇 가지 가이드부터 온 가족을 위한 마음 처방, ADHD 아이들에게 효과적인 훈육법, 기질과 특성에 맞는 사회성 기르기와 학습법 등 진료실에 찾아오신 부모님들이 가장 궁금해하시는 주제를 담았습니다. 또 아이가 먹는 약에 민감할 수밖에 없는 부모님들의 이런저런 질문에도 유용한 답을 드리고자 했습니다.

저와 함께 울고 웃으면서 제가 예상했던 것보다 훨씬 더 훌륭하게 자라 저를 가슴 벅차게 했던 여러 ADHD 친구들의 이야기가 이 책을 읽으시는 부모님들께 힘이 되기를 소망합니다. 아울러 이 주제로 글을 풀어낼 결심을 하게 해준 그동안 진료실에서 만난 친구들에게도 감사의 말을 전합니다.

신윤미 드림

PART 2 ·

아이의 ADHD 극복,
온 가족의 마음이 필요합니다

PART 3 ·

조용할 날 없는 ADHD 아이,
효과적으로 훈육하기

PART 6 · ——————————————————————— 사춘기

폭풍 같은 ADHD 아이의 사춘기, 현명하게 극복하기

PART 7 · ——————————————————————— 약물

ADHD와 약물 치료, 이것이 궁금해요

내 아이를 위한 ADHD 자가 진단표

ADHD는 증상에 따라 주의력결핍 유형과 과잉행동·충동성 유형으로 분류할 수 있습니다. 자녀의 평소 행동을 떠올리며 각 유형별로 제시된 9개 항목과 비교해 보세요. 그러나 ADHD 여부에 대한 정확한 진단은 검사 결과와 임상 전문가의 판단을 종합해서 정신과 전문의가 내리므로, 이 자가 진단표는 참고 자료로만 활용하시기 바랍니다.

주의력결핍 유형

학업이나 과제, 활동을 할 때 집중하지 못해 실수가 잦다.	☐
물건을 자주 잃어버린다.	☐
수업이나 놀이를 할 때 집중을 유지하지 못한다.	☐
정당한 지시에 잘 따르지 않고, 과제 등 해야 할 일을 제시간에 끝내지 못한다.	☐
과제나 활동을 체계적으로 해내는 데 어려움이 있다.	☐
지속적인 정신적 노력을 요하는 활동을 피하고 저항하는 경우가 있다.	☐
타인이 이야기할 때 듣지 않는 것처럼 보인다.	☐
외부 자극에 의해 쉽게 산만해진다.	☐
일상 활동을 잘 잊어버린다.	☐

과잉행동 · 충동성 유형

손발을 잠시도 가만두지 못하며 의자에 앉아서도 몸을 꿈틀거린다.	☐
어떤 일에 차분하게 몰두하지 못한다.	☐
끊임없이 몸을 움직인다.	☐
수업 중일 때처럼 앉아 있어야 할 상황에서도 일어나 돌아다닌다.	☐
상황에 맞지 않게 뛰어다니는 경우가 있다.	☐
지나치게 말을 많이 한다.	☐
자기 차례를 기다리지 못한다.	☐
상대방의 질문이 미처 끝나기 전에 성급하게 대답한다.	☐
다른 사람의 활동을 방해하거나 간섭한다.	☐

7세 이전에 시작해 6개월 이상 지속되고 있을 때

· **각 9개 항목 중 6개 이상에 해당**
  ADHD가 의심되므로 신속한 검사와 전문가의 판단이 필요합니다.

· **각 9개 항목 중 4~5개 이상에 해당**
  아동의 나이, 성별, 인지기능의 발달 정도 등에 따라 판단이 달라질 수 있습니다.
  전문가와 심층 상담을 권합니다.

PART 1

어느 날 갑자기
우리 집에 ─────

ADHD가
찾아왔어요

"전화벨이 울릴 때마다
가슴이 철렁해요"

다섯 살 민준이 어머님을 처음 만난 건 눈부시게 화창했던 6월이었습니다. 초여름 더위가 시작되는 계절인데도 어머니는 어찌나 사시나무 떨듯 떠는지, 옷이라도 건네드리고 싶을 정도로 안쓰러운 마음이 들었지요.

"안녕하세요, 어머님. 어떤 문제가 있어 오셨을까요?"

"어린이집에 다녀온 뒤로, 어린이집에서 전화가 올 때마다 제 가슴이 덜컥 내려앉아요."

첫 진료에서 민준이 어머님은 어렵게 말을 꺼내기 시작했습니다.

"얼마 전 어린이집 선생님으로부터 전화가 왔었어요. 잠깐이라도 좋으니 저보고 어린이집에 와서 민준이가 활동하는 모습을 봐달라고 하시더라고요. 왜 그러시나 의아했지만 어린이집에서 민준이의 모습을 보자마자 저를 부르신 이유를 단번에 알 수 있었어요.”

어머니는 민준이를 다음과 같이 묘사했습니다.

“한 명씩 손을 들어서 자기 생각을 발표하는 수업인데 민준이가 다른 아이들이 말할 기회를 주지 않더라고요. 벌떡 일어나 방방 뛰며 선생님을 향해 “저요! 제가 할래요”라면서 끊임없이 소리를 지르기도 하고요. 선생님은 항상 민준이부터 진정시켜야 수업을 겨우 진행할 수 있다고 하셨어요.”

민준이의 남다른 행동은 이뿐만이 아니었습니다. 친구들과 함께 동요를 부르며 율동할 때에도 민준이는 어려움을 겪고 있었습니다. 중간에 잠깐 동작을 멈추고 둘씩 짝지어 같이해야 하는데 민준이는 박자를 잘 맞추지 못해 그 타이밍을 놓치곤 했지요. 그래서 선생님이 민준이의 짝을 해줬는데, 더 큰 문제는 이 활동을 하지 않는 때에도 다른 아이들이 선생님 곁에 오지 못하게 한다는 것이었습니다. 수업 진행이 어려울 정도로 민준이는 계속 선생님 옆에만 붙어 있었고 선생님 주변에 있는 친구의 머리채를 냅다 잡아당기기도 했습니다. 이런 행동이 계속되자 결국 어린이집 선생님은 민준이 어머님이 직접 와서 보기를 부탁했던 것입니다.

이후 민준이 어머님은 아이의 남다른 행동으로 인해 다른 학부모들로부터 항의 전화가 오지는 않을까, 그러다가 어린이집에서 퇴소당하는 건 아닐까 하고 늘 가슴을 졸이고 있다고 하셨습니다. 그 정도로 어머님의 스트레스는 극심했습니다.

유난히 행동이 튀는 우리 아이, 대체 무엇이 문제일까

검사 결과 민준이는 주의력결핍과잉행동장애, 즉 ADHD로 판명됐습니다. 아마 요즘은 육아 프로그램이나 맘 카페 등을 통해 이 질환을 한 번쯤 들어보신 부모님들이 많으실 거예요. 2장에서 보다 자세히 설명하겠지만 ADHD는 뇌의 전전두엽 발달이 미숙해 아이의 뇌가 각종 기능을 제대로 실행하지 못하는 질환입니다.

정식 병명이 '주의력결핍과잉행동장애'인 만큼 ADHD 증상은 크게 두 가지로 분류할 수 있습니다. 먼저 'ADHD' 하면 많은 부모님들이 떠올리는 '과잉행동형'이 있습니다. 행동이 과하고 충동적이다 보니 주변 친구나 형제자매와 충돌이 잦아 시끄러운 일이 많습니다. 어딜 가나 이른바 말썽쟁이나 문제아로 낙

인찍히기 쉽습니다. 반대로 주의력결핍이 주된 증상인 '조용한 ADHD'도 있습니다. 말 그대로 주의력이 매우 부족해 집중해야 할 때 그러지 못하는 유형이지요.

과잉행동형은 문제가 되는 행동이 겉으로 나타나다 보니, 부모님이 보시기에도 아이가 또래들과 비교했을 때 뭔가 다르다는 것을 느낄 수 있습니다. 반면 조용한 ADHD는 두드러지는 문제 행동이 적어서 언뜻 봐서는 ADHD인지 알 수 없습니다. 실제로

전두엽의 실행 기능 및 부족으로 인한 ADHD 증상

① 반응 억제	참을성이 부족하고 매사에 성급함.
② 계획하기	우선순위를 몰라 미래의 성취보다는 당장 눈앞에 있는 일이나 보상에 몰두함.
③ 감정 조절	정서적으로 미숙하며 짜증과 울음이 많음.
④ 정리·조직화	정리정돈이 어려워 책상이 지저분함.
⑤ 시간 관리	제한된 시간 내에 과제를 끝내지 못함.
⑥ 과제 개시	과제를 시작하려는 동기가 부족하고 미룰 수 있는 한 계속 미룸(수업이 시작됐는데도 교과서를 펴지 않음).
⑦ 초인지	자신의 행동에 문제의식이 없음.
⑧ 목표 집중	할 일에 집중하지 못하고 이것저것 사소한 데 관심을 보임.

조용한 ADHD의 경우 진단이 늦어져 치료 적기를 놓치는 일도 적지 않습니다. 23쪽의 표는 전두엽의 다양한 실행 기능과 각 실행 기능이 부족할 때 ADHD 아이들에게 나타나는 증상을 정리한 것입니다.

민준이의 경우, 소리를 지르며 방방 뛰거나 친구를 거칠게 대하는 모습을 봤을 때 '반응 억제'가 되지 않는 아이였습니다. 반응 억제란 본능이나 충동대로 움직이지 않고, 목표에 맞게 자기 행동을 조율하는 인지과정을 말합니다. 어린아이라 하더라도 만 1세가 지나면 자기 행동의 결과를 머릿속에 떠올려 보고 그렇게 해도 될지 스스로 판단하기 시작합니다. '나만 말하고 싶어', '방방 뛰면서 소리 지르고 싶어'라는 욕구가 있어도 잘 참고 자기 차례를 기다릴 수 있게 되지요.

반응 억제가 되지 않는 것 외에도 ADHD 증상에는 여러 가지가 있습니다. 오른쪽에 보이는 표는 아이가 ADHD일 때 나타나는 일종의 신호와 같은 행동 양상을 정리한 것입니다. 만약 아이가 일상에서 다음과 같은 행동을 자주, 그리고 유난히 심하게 하고 있다면 ADHD를 의심할 수 있습니다. 물론 정확한 진단은 전문의의 상담과 검사를 통해 내려지니 어디까지나 참고하시길 바랍니다.

집에서	· 식탁 위에 올라가거나 밥 먹는 중간에 돌아다님. 유난히 음식을 잘 흘림. · 장난감을 모두 꺼내놓고 정리하지 않음. · 리모컨으로 채널을 계속 돌림. · 형제자매에게 먼저 시비를 걺.
학교에서	· 수업·활동 시 지우개 똥을 만들거나 연필을 입에 무는 등 집중하지 못함. · 지루함을 견디지 못함. · 끊임없이 다른 아이에게 말을 걸거나 방해가 되는 행동을 함. · 이동 수업 때문에 다른 교실로 가는 도중 내내 다른 장소를 기웃거림. · 걸어가도 충분한 상황에서 소리를 지르며 뛰어감. · 계단을 내려갈 때 2~3개씩 내려가다가 넘어지거나 다침. · 주위 사람이나 물건을 보지 못해 자주 부딪힘.
일상에서	· 다른 사람이 말하는 도중에 끼어들거나 참견함. · 상황이나 맥락을 파악하지 않고 아무 때나 질문함. · 억울한 점이 있으면 즉시 따지거나 해명함. · 또래들과 있을 때 관계에 집중하는 시간이 짧거나 혼자 딴청을 부림. · 조용히 말해야 할 때 목소리가 우렁차거나 소리 크기를 조절하지 못함. · 말이 지나치게 많음.

아이의 행동, 다각도로 관찰해 주세요

아이가 집에서 하는 행동은 당연히 부모님이나 조부모님 등 양육자들이 가장 잘 알고 계실 겁니다. 그런데 집에서는 누구보다 얌전한 아이이지만, 집 밖에서는 그렇지 않을 수도 있습니다. 민준이 역시 집에서는 어린이집에서와 같은 행동을 보인 적이 없었기에 어머님이 전혀 예상하지 못한 사례이지요. 실제로 어린이집이나 유치원, 학교 선생님의 조언 역시 ADHD 여부를 판별하는 데 있어 매우 중요합니다. 제가 20년째 현장에서 진료를 해보니 ADHD뿐만 아니라 틱장애, 자폐스펙트럼장애 등도 부모님이 교육기관의 조언을 듣고 문제의식을 느껴 찾아오는 경우가 80퍼센트 이상입니다.

따라서 아이가 다니는 기관의 선생님으로부터 "검사가 필요해 보입니다"라거나 "문제 행동이 몇 가지 보이는데 어머님은 알고 계신가요?"라는 말을 들으면 기관에 양해를 구하고 수업을 직접 참관해 보시거나 전문 의료기관을 방문해 보시길 권합니다. 다양한 상황에서 아이의 행동을 다각도로 관찰함으로써 아이에 대해 미처 몰랐던 부분을 발견할 수 있습니다.

"집 안에서만 난리 피우는
아이 때문에 괴로워요"

제 진료실에 처음 방문한 ADHD 아이들은 진료실에 있는 모든 것을 신기해합니다. 의자에 앉았다가도 1분도 안 돼 자리에서 일어나 제 옆으로 오기도 하고, "이건 뭐예요? 저건 뭐예요?"라고 물어보며 대화의 흐름을 끊는 일도 다반사입니다. 대화가 5분 이상 이어지는 건 좀처럼 어렵지요.

그런데 여섯 살 현우는 이와는 정반대의 모습을 보였습니다. 자리에 앉아서 얌전한 태도로 저와 면담을 진행해 나갔거든요. 제가 그런 현우를 신기하게 느낀다는 것을 어머님이 눈치챘는지 갑자기 이렇게 말씀하셨습니다.

"선생님, 얘가 이렇게 얌전한 애가 아니에요! 지금 모습만 보시면 절대 안 돼요."

"네, 어머님. 아이가 받은 검사의 결과로 판단하니 너무 걱정 마세요."

제가 느낀 첫인상과는 달리, 현우는 과잉행동형 ADHD로 진단이 나왔습니다. 조용한 ADHD일 거라고 짐작했는데 뜻밖의 결과였어요. 일반적으로 과잉행동형 ADHD 아이들은 집 안에서든 바깥에서든 똑같이 분주하고 과한 행동을 보입니다. 그런데 특이하게도 현우는 집 밖에서의 행동과 집 안에서의 행동이 꽤 차이가 나는 아이였습니다. 검사가 끝나고 상담하는 자리에서 어머님은 이렇게 말했습니다.

"아이가 장소를 봐가며 행동하는 걸까요? 집에서는 난리도 아닌데 바깥에만 나오면 그렇게 얌전해요. 도무지 이유를 모르겠어요."

"일부러 그러지는 않을 거예요. 아마 집 밖에서도 문제 행동을 보일 텐데 집 안에서만큼은 아닌 거겠죠."

"현우가 과학책을 좋아하는데 집에서는 책을 볼 때 소리를 지르면서 읽어요. 마치 외계어 같아서 무슨 소리인지 모르겠어요. 집에 함께 있으면 너무나 시끄러워서 제가 다 미칠 것 같아요."

"집 밖에서 책을 볼 때는 어떤가요?"

"희한하게 집 밖에서는 조용히 읽어요. 이런 모습을 보면 도서관에서 눌러살고 싶을 정도예요."

"도서관에서 나왔을 때는요?"

"그때부터 다시 지옥문이 열리죠. 자동차 조수석에 태울 때부터 소리를 지르고 무슨 말을 해도 안 들어요. 전쟁 시작이에요."

ADHD, '천의 얼굴'을 지니고 다양하게 나타나요

사실 여섯 살짜리 남자아이가 낯선 곳에 와서 꼼짝도 않고 가만히 있는다는 것은 결코 쉬운 일은 아닙니다. 어떻게 보면 필요 이상으로 인내심을 발휘하고 있다는 뜻이니, 부자연스럽다고 할 수도 있습니다. 현우 어머님은 이 모습을 얌전한 태도라고 생각한 것이고요.

그럼 집 밖에서는 얌전한 현우가 유독 왜 집에서는 통제 불능의 모습을 보일까요? 제가 보기에는 엄격한 아빠의 영향이 적지 않아 보였습니다. 아이가 아빠에게 혼날까 봐 바깥에서는 얌전하게 행동하는 것 같았어요. 그런데 아이가 지나치게 긴장하고 충동성을 필요 이상으로 억제하면 집이나 자동차처럼 '내 공간'이라고 생각하는 곳에 들어오는 순간 충동성이 폭발합니다. 어른도 그렇잖아요. 밖에서 사회생활을 하는 동안에는 몸에 잔뜩 힘을 주고 있지만, 내 공간에 들어서면 긴장의 고삐가 풀리잖아요.

학교와 집 양쪽에서 문제 행동을 보이는 아이가 있는 반면, 가족끼리 있을 때는 얌전하다가 학교에만 보내놓으면 문제가 나타나는 아이들도 있습니다. ADHD는 굉장히 다양한 증상으로 나타나다 보니, '천의 얼굴'을 지닌 질환이라고도 해요. 그러므로 'ADHD 아이는 산만하고 과격하다던데, 그럼 우리 아이는 아닐 거야'라고 생각했다가는 정확한 진단이 늦어질 수 있습니다.

또 하나 말씀드리면 '산만하다'의 판단 기준은 사람마다 다릅니다. 연배가 높으신 분들 중에는 아이가 의자에 정자세로 앉아 있어야만 차분하다고 여기는 분이 있는가 하면, 어떤 분은 아이가 조금 꼼지락거리는 정도는 크게 문제가 안 된다고 생각합니다. 이처럼 어른이 판단해도 편차가 있으니 아이에 관해 어떤 이야기를 들었다면 하나의 의견으로만 고려해 주세요. 이러한 의견들은 병원에서 상담을 받을 때 전문의에게 전달해 주시면 정확한 진단을 내리는 데 큰 도움이 됩니다.

"그 집 딸,
병원에 데려가 보는 게 어때요?"

얼마 전 신도시로 이사 온 수아 어머님은 동네에 적응도 하고 딸에게 친구도 만들어 줄 겸 인터넷의 지역 맘 카페를 통해 아이 엄마 서너 명과 모임을 만들었습니다. 주 2회 이상 다른 집 아이들과 함께 놀이공원이며 박물관이며 여러 곳을 다녔지요. 그런데 언제부터인가 이런저런 일정 공유로 들썩이던 단톡방이 잠잠해졌습니다.

뭔가 이상하다는 느낌이 든 수아 어머님은 모임의 다른 엄마에게 전화를 걸었다가 뜻밖의 이야기를 전해 들었습니다. 단톡방이 조용해진 이유가 바로 수아 때문이라는 사실을 들은 것입니다. 알고 보니 수아의 행동으로 인해 다른 아이들이 불편해하는 상황이 반복됐던 거지요.

수아 어머님에게 이 사실을 전해준 분은 "전문병원에 수아를 데려가서 검사 한번 해보는 건 어때요? 이 동네가 낯설면 제가 같이 가줄까요?"라고 조심스럽게 말했지만, 이야기를 들은 수아 어머님은 3초 정도 세상이 멈추는 기분이었다고 했습니다. 사실 남들로부터 수아의 검사를 권유받은 게 이번이 처음은 아니었거든요. 처음이었다면 크게 마음만 상하고 말았겠지만, 몇 번 듣다 보니 안 되겠다 싶어 저를 찾아오신 것이었어요.

"어머님이 보기엔 어떠세요? 수아가 또래 아이들과 있을 때 재미있어하나요?"

"얘만 재미있어해요. 여자애인데도 좀 거칠다고 해야 할까요. 남자애처럼 놀아요."

"수아가 몸으로 노는 걸 좋아하는군요."

"맞아요. 놀이터에 가면 빙글빙글 돌아가는 기구 있잖아요? 친구들은 내리고 싶어 하는데도 얘는 계속 돌려요. 또 친구가 멘 가방을 추켜올렸다가 팍 놓는 바람에 친구가 넘어진 적도 있었고요. 또래보다 키가 큰 편이라 친구 입장은 생각하지 않고 그런 장난을 치는 것 같아요."

"언제 그런 일이 있었나요?"

"여기로 이사 오기 전이니까 1년 전이요."

"그럼 이 동네에 와서도 그런 일이 있었나요?"

"아뇨, 없었어요. 이번에 제가 듣기로는 수아가 한 친구에게만 계속 전화를 걸었나 봐요. 그 아이는 귀찮았는지 수아랑 놀고 싶지 않다고 했고요."

또래 친구들의 관점에서
아이를 생각해 보는 것도 필요합니다

검사 결과 수아 역시 ADHD라는 진단이 나왔습니다. 앞서 제가 조용한 ADHD와 과잉행동형 ADHD로 나눌 수 있다고 말씀드렸는데요. 대부분의 여자아이들은 얼핏 봐서는 증상이 드러나지 않는 조용한 ADHD에 해당되곤 합니다. 그런데 수아는 주의력결핍, 충동성, 과잉행동 등 모든 증상이 나타나는 케이스였어요.

주의력결핍은 그렇다고 쳐도 충동성이나 과잉행동이 두드러지면 여자아이들 사이에서는 더 문제가 될 수 있습니다. 우리나라의 문화적 특성상 남자아이들은 초등학교 저학년만 돼도 비속어를 섞어가며 몸으로 부대끼며 놀기도 합니다. 그러다 보니 남자아이들의 경우에는 상대적으로 이런 행동이 덜 튀지만, 여자

아이들은 남자아이들과 비교하면 친구와 노는 문화나 분위기가 다른 편입니다. 그런데 수아 혼자만 거칠게 몸을 사용해 놀다 보니 다른 여자 아이들 입장에서는 뭔가 불편하다, 혹은 다르다고 느낀 것이지요. 만나면 편하고 재미가 있어야 또 만나고 싶은 것이 인지상정입니다. 어딘지 모르게 저 사람과는 잘 맞지 않고 불편한 느낌이 들면 꺼리게 되지요. 아이들도 마찬가지입니다.

대체로 엄마들은 집 안에서만 자녀를 보기 때문에 집 밖에서 만나는 자녀의 친구들이 내 아이를 어떻게 생각하는지 잘 모르는 경우가 많습니다. 그러니 아이들의 눈높이에서 나올 반응을 알고 있으면 자녀의 행동에 적절하게 개입하고 도움을 주기가 좀 더 쉽습니다. 아이의 행동을 객관적으로 파악하기 위해 표를

친구들이 ADHD 아이를 보는 시선과 원인

친구들의 시선		"수아와 놀고 싶지 않아요"	"내가 싫어하는 행동을 수아가 계속해요"
원인 1	기피 행동	귀찮게 하고, 장난을 친다	놀이기구를 계속 돌리거나 가방으로 친구를 넘어트리는 행동을 함. → 친구를 다치게도 할 수 있기 때문에 부모님이 경각심을 가져야 합니다.
원인 2	언어 다툼	수다스럽다	친구가 거부하는데도 대화를 계속 시도함. → 여자아이들 사이에서 주로 발생하는 갈등 요인입니다.

그려 정리해 보는 것도 좋은 방법입니다.

때로는 엄마만이 알 수 있는 '촉'이 있어요

수아 어머님은 떠들썩했던 단톡방이 잠잠해지자 뭔가 그럴 만한 이유가 있을 거라고 생각했고, 거기서 멈추지 않고 용기를 내 다른 엄마에게 전화를 걸어 상황을 파악했습니다. 그렇게 전해 들은 대답이 딸에 대한 이야기였고요. 아마 어머님 속이 말이 아니었을 겁니다. 그럼에도 '감히 내 아이에게 검사를 받으라고 해?'라는 반발심 대신 '혹시 모르니 한번 해보자'라는 마음으로 병원을 찾은 것입니다. 저는 이 점이 인상 깊었습니다.

아이를 데리고 저를 찾아오신 어머님들께 "어떻게 ADHD를 의심하게 되셨어요?"라는 질문을 드릴 때가 있습니다. 그러면 "엄마니까 알잖아요"라는 대답을 적지 않게 듣습니다. 많은 부모님들이 치료의 시작이 검사 혹은 약물 치료, 상담 치료에 들어갈 때라고 보시는데 그렇지 않습니다. "우리 아이가 다른 아이들과는 조금 다른 면이 있는 것 같네"라는 것을 발견하는 부모 특유의 촉, 마음은 덜컥 내려앉지만 주변 사람들에게 검사를 권유받았을 때 이 말을 흘려듣지 않고 붙잡는 용기, 아이와 병원에 오는 그 한 걸음이야말로 진짜 치료의 시작입니다. 이 출발선에 얼마나 빨리 서느냐에 따라 완치에 가까운 수준에 다다르는 도착 지점도 빨리 찾아올 거예요.

"한날한시에 태어났는데
어쩌면 이렇게 다를까요?"

올해 초등학교 4학년이 된 리나는 언니인 리안이와 한날한시에 태어난 쌍둥이입니다. 진료실에 올 때마다 "왜 언니는 안 오고 저만 와요?"라며 눈을 동그랗게 뜨고 큰 목소리로 물어보는 사랑스러운 아이예요. 제가 "여기 오는 게 더 좋은 거야"라고 말해주면 "여기는 병원인데 뭐가 좋아요? 병원 싫어요!"라며 새초롬하게 대답하곤 하지요. 1년 넘게 병원에 다니면서 익숙해졌는지 어느 날엔가는 "엄마랑 둘이서만 다닐 수 있어서 여기에 오는 거 좋아요"라고 부끄러운 듯이 속삭이기도 했습니다.

리나의 주의력에 문제가 나타나기 시작한 건 초등학교 3학년 때였습니다. 쌍둥이인지라 학교에서는 늘 같은 반에 배정됐는데 그러다 보니 너무나도 다른 두 아이의 학교생활이 눈에 띨 수밖에 없었다고 해요. 같은 숙제를 받아와도 언니는 잘해냈지만 리나는 백지상태였고, 언니의 공책을 펼치면 수업 내용이 또박또박 적혀 있는 반면, 리나의 공책에는 낙서만 잔뜩 있었고요.

그러던 어느 날 모둠 활동 과제를 하기 위해 반 친구들이 자매의 집에 왔습니다. 4학년이 읽어야 할 권장 도서 중 한 권을 선택해 모둠 친구들과 읽고 발표하는 과제였지요. 그런데 리나는 계속해서 장난을 치고 어머니가 준비한 간식을 독차지하며 과제를 하려는 친구들을 방해만 했습니다. 어머니는 이러다 과제를 마치지 못할 것 같다는 생각이 들어 결국 언니에게 뒤를 맡긴 채 리나를 데리고 집에서 나올 수밖에 없었지요. 리나 어머님은 골치 아프다는 표정을 지으며 이렇게 하소연하셨습니다.

"쌍둥이인데 둘이 너무 달라요. 수업 태도며 친구들과의 관계며 큰애랑은 전혀 달라요. 공부할 때도 전혀 집중을 못 하고요. 친구들이 집에 왔던 날에 리나한테 '왜 친구들한테 간식도 못 먹게 해?'라고 물었더니 자기는 친구들이 좋아서 그런 거래요. 말과 행동이 따로 놀아서 걱정이에요."

ADHD 아이들,
또래보다 사회성 발달이 2~3년 늦어요

리나는 주의력결핍이 심각한 조용한 ADHD 진단을 받았습니다. 사실 정상적인 아이와 ADHD 아이들은 지능 면에서는 차이가 없습니다. 단지 친구들과의 관계에서 미숙할 수 있습니다. 아이들은 대체로 초등학교에 입학하기 전에는 자기 입장에서만 생각합니다. 그러다 한 살 한 살 먹어가면서 차츰 타인의 입장을 헤아리기 시작하지요. 예를 들어 유치원생 아이들은 엄마 생일에 자신이 좋아하는 헬로 키티 목걸이를 선물로 줍니다. 행동 자체는 무척 사랑스럽지만 '내가 좋아하니까 엄마도 좋아할 거야'라고 생각하는, 엄마 입장을 고려하지 않는 유아적인 발상이에요. 그러다 초등학교 2~3학년이 되면 '엄마는 립스틱을 좋아해'가 머릿속에 들어오기 시작합니다.

리나가 집으로 초대한 친구들에게 "우리 집 간식이니까 먹지마"라고 말했는데, 이와 같은 맥락이라고 보면 됩니다. 보통은 초등학교 4학년쯤 되면 이런 말을 했을 때 친구가 무안해할 수 있다는 것을 알고 있어요. 하지만 리나 같은 ADHD 아이들의 경우 사회성을 관장하는 대뇌피질이 또래에 비해 2~3년 정도 늦게 성장하기 때문에 자기중심적 태도를 보입니다.

특히 리나처럼 조용한 ADHD라면 부모님께서 사회성과 관련해 좀 더 세심하게 살펴주셔야 해요. 이 아이들은 대화가 어떻게 흘러가고, 어디서 끼어들어야 할지 모를뿐더러 친구 관계에서 자신의 의도가 엇나간 경험 때문에 대인관계에 자신감이 없습니다. 리나는 엄마에게 말한 것처럼 친구들이 자기 집에 와서 너무 설레고 좋았습니다. 다만 어떻게 친해져야 하는지를 몰라서 간식으로 생색내고 과제를 방해하는 식으로 행동했던 거예요. '얘들아, 너희가 우리 집에 와줘서 좋아. 나에게도 관심을 좀 가져줄래?'라는 마음을 표현한 겁니다.

따라서 이런 상황에서 부모님이 코칭해 주면 도움이 됩니다. 다만 "언니처럼 해봐. 언니는 잘하는데 너는 왜 방해만 해?"라는 식으로 비교하는 말은 도움이 되지 않습니다. 그보다는 "친구들에게 주스를 좀 따라서 주면 어때?"라며 아이가 마음을 표현할 수 있는 방법을 콕 찍어서 알려주는 것이 좋습니다.

당연히 쌍둥이도 다른 게 정상입니다

요즘 시험관시술을 통해 태어나는 아이가 많아서인지 진료실에도 쌍둥이를 키우는 가정의 방문이 부쩍 늘었습니다. 그런데 쌍둥이는 여느 형제자매 관계와 다른 특징이 있습니다. 일단 한 날한시에 태어나다 보니 늘 '세트'로 묶입니다. 그러다 보니 일반적인 형제자매라면 어느 정도 차이가 나는 것을 당연시하고 자연스럽게 여기지만, 유독 쌍둥이에게는 그렇지 않다는 겁니다.

만약 리나네처럼 둘 중 한 명이 ADHD이면 어려움은 배 이상이 됩니다. 같은 학교, 같은 반, 같은 선생님, 같은 친구를 주변에 두고 쌍둥이는 거의 동일한 하루를 보냅니다. 이러한 환경이 ADHD를 진단받은 한쪽 아이에게는 가혹하게 다가올 수 있어요. 리나만 봐도 언니와 같은 학교, 학원을 다니는데 언니랑 받는 대우가 달라요. 학업 면에서도 언니는 집중을 잘하는데 자기는 못해서 혼만 나거든요.

결국 쌍둥이 중 뒤처지는 쪽, 특히 ADHD라는 어려움을 지닌 아이는 엄청난 상심과 분노를 가질 수밖에 없습니다. 그러니 쌍둥이를 키우면서 특히 한 아이가 ADHD를 갖고 있다면 부모님께서는 다음 사항을 더욱 세심하게 기억하셔야 합니다.

쌍둥이라 하더라도 '다름'에서 출발해야 합니다. 리나 어머님도 "쌍둥이인데 둘이 너무 달라요"라고 말씀하셨는데 두 아이가 달라야 정상이에요. 겉모습이 같고 같은 날 태어났다고 해서 아이의 내면까지 같아야 한다는 법은 없습니다. 그러니 쌍둥이인 자녀들에게 "너희가 겉모습은 비슷해도 다른 부분에서는 모두 달라. 각각 다른 사람이야"라는 것을 공식적으로 선포해 주세요. 아이들이 이 사실을 명확하게 인지하고 있어야 합니다. 그래야 서로를 경쟁 상대로 보지 않고, 부모님도 아이들을 개별적 존재로 인식할 수 있습니다.

각각을 한 사람으로 보는 것과 한 세트로 보는 것에는 큰 차이가 존재합니다. 쌍둥이를 키우는 어머님들은 "똑같은 것을 사 줘야 안 싸워요" 하시며 옷이나 책가방 등을 같은 것으로 사 주곤 하세요. 이는 바람직하지 않습니다. 똑같은 물건으로 사 주면 둘 중 자기주장이 센 아이의 취향만 반영되기도 하거니와 비교 당하는 빌미가 되기도 합니다. 생각해 보세요. 똑같은 가방을 한 아이는 깨끗하게 사용하는 반면, 다른 아이는 아무렇게 다뤄서 금방 닳아요. 애초에 다른 걸 썼다면 듣지 않았을 잔소리를 아이가 들어야 하는 거예요. 그러니 아이들에게 직접 고르도록 해주세요. 이런 사소한 취향에서부터 "재와 나는 다른 존재야"라는 정체성을 갖도록 해주시는 것이 좋습니다.

"말을 못 알아듣는 아이랑 씨름하느라
진이 빠져요"

수완이의 별명은 '5분 왕자'입니다. 왕자처럼 뛰어난 외모에 주변이 환해질 정도로 잘 웃는데, 5분만 대화해 보면 그 이미지가 깨진다고 해서 붙여진 별명이에요. 수완이는 어떤 문제가 있길래 이런 별명을 얻었을까요?

"애는 사람이 말을 하면 마지막 문장만 들어요. 자기가 듣고 싶은 것만 들나 봐요. 그리고 물건에 대한 애착이 강한 편이에요. 옷이나 이불을 세탁할 때 아이한테 허락받는 엄마는 저밖에 없을 거예요. 왜 지금 이걸 세탁해야 하는지 충분히 설명해 줬다고 생각하는데 그래도 난리를 쳐요. 이불이나 옷 빨래를 할 때마다 애랑 씨름하느라 제가 진이 빠진다니까요."

"눈앞에서 사라지는 것을 못 참는군요. 세탁할 때마다 난리를 치나요?"

"대체로 그래요."

또래보다 늦은 언어 발달, ADHD 증상일 수 있습니다

수완이 어머님은 아이가 집중력이 좋지 않아 자신이 하는 말을 못 듣는 거라고 생각하고 있었습니다. 하지만 어머님과 대화를 통해 수완이를 파악해 보니, 언어 문제가 다소 두드러지는 ADHD라고 짐작됐습니다. 이불 빨래랑 언어 문제가 무슨 상관이냐고요? 아이가 49~54개월 사이에 이르면 언어 구사와 관련해 꼼꼼히 살펴봐야 하는 세 가지가 있습니다. 하나는 들은 내용을 기억하는 능력, 둘째로 주어와 서술어가 두 번씩 나오는 복잡한 문장을 이해하는 능력, 마지막으로 시제를 이해하는 능력입니다. ADHD이면서 언어 문제가 있는 아이들의 경우, 이 세 가지 능력이 다소 미숙합니다.

언어 문제가 있을 때 부모님들이 바로 ADHD 증상과 연결해서 생각하시는 경우는 거의 없습니다. 섣불리 진단해서도 안 되

· 들은 내용을 기억하는 능력(청각적 기억력)
· 안은문장(내포문) 이해
· 시제 이해

거니와 심층검사를 통해 판단해야 하기에 반드시 전문가에게 맡겨야 합니다. ADHD를 진단하는 다른 검사도 마찬가지지만 언어 검사는 꽤 오랜 시간 진행합니다. 40~50분 동안 언어치료 전문 선생님이 다각도로 아이의 상태를 살펴봅니다. 수완이 역시 이렇게 검사를 받은 결과, 세 가지 언어능력 중에서도 듣고 기억하는 능력과 복잡한 문장을 이해하지 못한다는 진단을 받았습니다.

제가 복잡한 문장이라고 표현했는데 좀 더 자세히 살펴볼까요? 하나의 문장 안에 주어와 서술어의 관계가 두 번 이상 나오면 '안은문장'과 '안긴문장'으로 나눌 수 있습니다. 예를 들어볼게요.

· 겨울 동안 수완이가 덮고 잔 이불, 엄마가 예쁜 봄 이불로 바꿔준다고 했지.
· 강아지가 망가뜨린 옷, 엄마가 수선해야 해서 따로 빼놨어.

위의 문장에서 밑줄 친 문장이 안긴문장, 문장 전체가 안은문장(내포문)입니다. 수완이 어머님 입장에서는 저 내용 자체를 기억하거나 이해하는 데 아무 어려움이 없을 거예요. 하지만 수완이에게는 빨간불이 들어온 상황입니다. 수완이 머릿속에 들어가 보면 '수완이가 덮고 잔' 이불에 대한 정보는 어디에도 있지 않습니다. 이 상태에서 침대에 갔는데 평소에 자신이 덮고 잔 이불이 아닌 거예요. 그러면 "이런 거 필요 없으니 내 이불 달란 말이야!"가 되면서 돌연 천사에서 악마로 변신하는 거죠.

옷도 마찬가지예요. '반려견이 망가뜨린 옷'이라는 문장이 수완이 머릿속에는 들어와 있지 않은 상태입니다. 아이 입장에서는 엄마가 말도 없이 자기 옷을 치운 거예요. 당연히 한바탕 난리가 날 수밖에요. 만약 여기서 엄마가 "봄 이불로 바꾸자", "이 옷 엄마가 예쁘게 고쳐도 돼?"라고 한 문장으로 이야기를 했다면 아이는 알아들었을 거예요.

또 하나, 소리로만 지시했을 때 ADHD 아이들은 잘 기억하지 못합니다. 말씀드린 것처럼 들은 내용을 기억하는 능력, 즉 청각적 기억력이 떨어지기 때문입니다. 이 문제는 5장에서 구체적으로 설명하겠지만 학습할 때도 꽤나 장애물이 됩니다. 이때는 청각적 정보만이 아니라 시각 자료를 함께 제시하면 기억력을 높이는 데 도움을 줄 수 있습니다.

ADHD 아이들에게 자주 발견되는 언어 문제

의심되는 언어 문제	증상
읽기장애	· 글을 천천히, 부정확하게 읽음. · 철자를 하나씩 빼먹거나 더하는 등 왜곡해서 읽음. · 읽은 내용을 이해하지 못함.
쓰기장애	· 생각한 것을 단어나 문장으로 표현하기를 어려워함. · 간단한 문장을 쓰는데도 문법이 심각하게 맞지 않음. · 단어 선택이 부적절하거나 맞춤법을 자주 틀림.
조음장애 (특정 음소를 생략, 첨가, 대치, 왜곡해서 단어를 발음하는 현상)	· 생략 : 수학 → 수악 ('ㅎ'를 생략해서 발음) · 첨가 : 탔다 → 탔으다 ('으'를 첨가해서 발음) · 대치 : 신발 → 진발 (편하게 발음할 수 있도록 '신'을 '진'으로 바꿔서 발음)

이처럼 부모님들이 집에서도 파악할 수 있는 언어 문제들이 있습니다. 반드시 기억해야 할 사실은 언어 문제는 결코 언어 문제로 끝나지 않는다는 점입니다. 언어는 그야말로 아이가 하루 동안 마주하는 크고 작은 모든 일과 연관된 '핵심'이자 '바탕'이거든요. 수완이와 같은 상황이 장소만 다를 뿐 어린이집이나 학교, 태권도장, 놀이터, 수영장에서도 재현된다고 생각해 보세요. 총체적 난국이라는 표현이 어울리는 상황이 여기저기에서 일어나는 건 시간문제일 거예요.

그러니 언어 기능에 문제가 있을 경우 지체 없이 치료를 시작해야 합니다. 꼭 ADHD가 아닐지라도 언어는 사회적 상호작용을 위한 필수 매개체이자 인지발달의 도구라는 점에서, 부모님께서는 아이가 언어생활에 있어 특이점을 보이면 즉시 적절한 치료에 나서주시길 바랍니다. 314쪽에 영유아 나이별 언어 발달 단계를 표로 정리해두었으니 아이의 언어 기능을 파악할 때 참고해 주세요.

"설마 했는데
어릴 때의 저를 닮은 것 같아요"

초등학교 2학년인 유나는 이른바 '눈치가 없어서' 반 친구들과 어울리는 데 어려움을 겪고 있었습니다. 또 운동화 끈에 걸려서 넘어지거나 음식을 흘려 옷이 더러워지기 일쑤였지요. 그러다 보니 옷을 자주 갈아입어야 하는데, 문제는 유나가 똑같은 옷만 고집한다는 것이었습니다.

"아이가 같은 옷만 입으려고 해요. 외출할 때마다 옷 입는 것으로 전쟁을 치르다 보니 아예 같은 옷을 여러 벌 사서 입히고 있어요."

유나는 ADHD를 판별하기 위해 검사하는 동안에도 주의가 쉽게 흐트러지는 모습을 보였습니다. 가령 "유나는 의자에 가만히 앉아 있는 게 어렵니?"라고 물으면 "그게 뭔데요?", "몰라요"라는 식으로 건성으로 대답했어요.

검사 결과 유나는 조용한 ADHD라는 진단을 받았습니다. 그런데 의외였던 것은 결과를 들은 유나 어머님의 반응이었습니다. 제 말을 듣자마자 역시나 그럴 줄 알았다는 듯 고개를 끄덕이셨거든요. 대부분의 부모님들은 자녀가 ADHD 진단을 받으면 눈물부터 보이며 속상해하시는데 말입니다. 그 이유가 알고 싶었던 저는 유나 어머님에게 물었습니다.

"어머님, 혹시 유나가 ADHD일 거라고 짐작하셨나요? 마치 알고 있었다는 듯한 반응이셔서요."

"실은 유나의 행동이 제가 어릴 때랑 비슷한 것 같아요. 유나가 같은 옷만 입으려고 한다고 말씀드렸잖아요? 저도 그 나이 때 항상 같은 옷을 입겠다고 고집부렸어요. 엄마가 같은 옷을 두세 벌 사기도 하셨어요. 책도 찾아보고 인터넷도 뒤져보면서 설마 했는데 돌아보면 제가 조용한 ADHD가 아니었나 싶어요."

학계에서는 부모가 ADHD일 경우, 자녀에게 약 50~60퍼센트의 확률로 유전된다고 보고된 바 있습니다. 물론 이 말이 ADHD가 반드시 유전된다는 뜻은 결코 아니에요. 다만 처음 내원한 부모님과 상담하다 보면 아버지나 어머니가 ADHD인 것 같다는 생각이 들 때가 있습니다. 이런 경우 부모님께도 검사를 권유하고, 이를 통해 뒤늦게 ADHD 진단을 받는 분들도 종종 있습니다.

유나 어머님의 경우 자신의 어릴 적 모습이 유나와 비슷하다는 데 생각이 미치면서 본인도 조용한 ADHD인 것 같다고 추측하신 것이었어요. 직관력이나 관찰력이 범상치 않아 어떤 일을 하시는지 물어봤더니 응급실 간호사라는 대답을 들었습니다. 응급실은 긴 호흡으로 환자를 돌보는 다른 부서와는 달리 긴급 상황에 순간적으로 몰입하는 적응력이 요구되는 곳이에요. 병원 내에서도 결코 긴장의 고삐를 늦춰서는 안 되는 부서이기 때문에 지속적인 집중력이 부족한 ADHD 기질에는 오히려 잘 맞는 업무일 수도 있습니다. 실제로 저는 제가 진료한 ADHD 아이들이 의대나 간호대를 희망할 때 응급의학과나 응급실 근무를 추천하기도 합니다.

그럼에도 유나 어머님은 딸이 본인의 어린 시절과 비슷하다 보니 더욱 걱정하는 눈치였습니다.

"선생님, 저는 자라는 동안 유나가 저처럼 어려움을 겪을까 봐 걱정입니다. 아이가 힘든 게 꼭 저 때문인 것 같고요."

"어머님이 어렸을 때는 ADHD라는 진단명도 널리 알려지지 않았고 지금 같은 의료 환경이 아니었잖아요. 무엇보다 그때의 어머님에게는 없는 것을 지금 유나는 가지고 있어요."

"그게 뭔데요?"

"어머님이요. 지금 유나에게는 이 질환을 이해하고 앞장서 주는 엄마가 있어요. 그거면 됩니다."

이 책을 읽는 부모님 중에서도 아이의 유독 튀는 행동이나 문제적 행동을 보면서 '왠지 어릴 적 내 모습과 비슷하다'라고 생각하는 분들이 있을 수 있습니다. 그런 의심이 든다면 유나 어머님처럼 어린 시절을 떠올리며 아이를 관찰해 보시고 전문 기관에서 검사를 받아보시길 추천합니다. 혹시라도 ADHD가 맞다면 빠른 치료를 통해 보다 원활하게 아이의 성장을 도울 수 있으니 말입니다.

ADHD 진단을 위한 검사가 궁금해요

초등학교 입학 시기를 놓치지 마세요

우리나라에서는 전체 학령기아동의 7~8퍼센트 정도가 ADHD 를 겪고 있는 것으로 알려져 있습니다. 소아정신과나 심리 상담 센터 등을 찾아오는 아이들 중 30~50퍼센트가 ADHD 진단을 받지요. 이를 종합하면 한 학급당 한 명 이상이 ADHD를 겪고 있다고 말할 수 있습니다. 또 여자아이보다 남자아이에게서 더 많이 발견되고 있습니다.

현재 초등학교 1학년과 4학년이 되면 학교에서 학생정서·행동특성 검사라는 것을 일괄적으로 실시합니다. 부모가 65개 문항을 살펴보며 아이의 정서 및 행동과 일치하는 답을 고르는 식으로 진행하는 검사이지요. 정서행동 문제 영역은 학교폭력 피해, 부모·자녀 관계, 집중력 부진, 불안·우울, 학습·사회성 부진, 과민반항성으로 나뉩니다. 이를 통해 아이의 심리 상태를 파악하고 문제가 있을 경우 부모와 전문가가 조기에 개입해 조치를 취하는 것이 목표이지요. 검사 결과 아이가 특정한 영역에서 '우선관리군'으로 의심되면 보건소나 병원 등에서 상담을 받을 수 있도록 하는 시스템입니다. 따라서 초등학교에 입학하는 것만으로도 이 검사를 통해 아이가 ADHD인지 아닌지 어느 정도는 판단할 수 있습니다.

그러다 보니 대부분의 병원은 신학기가 시작하는 3월을 앞두고 분주해집니다. '우리 아이가 ADHD는 아닐까?'라고 의심하면서도 차일피일 치료를 미루던 어머님들이, 더 이상 피할 수 없다는 생각에 아이 손을 붙잡고 오시거든요. 아이가 학교에서 수업 중간에 돌아다니거나 친구들 사이에서 환영받지 못하는 언행을 반복하면 '떠드는 아이', '자주 지적받는 아이', '산만하고 행동이 과격한 아이', '같이 놀고 싶지 않은 아이'라는 낙인이 찍힙니다.

문제는 이런 이미지가 한번 고정되면 비슷한 상황이 발생할 때마다 '또 저 아이야?'라는 의심과 비난의 눈초리를 받기 쉽다는 것이지요. 이런 이유에서 저는 자녀의 ADHD가 의심될 경우,

초등학교 입학 시기를 지나치지 말고 전문 기관에서 검사를 받아보기를 당부하고 싶습니다.

ADHD 검사, 풀배터리 검사를 통해
심층적으로 아이를 분석합니다

ADHD 여부를 판단할 때 가장 많이 활용하는 검사는 '풀배터리Fullbattery test 검사'입니다. '종합심리검사'라고도 불리고 있지요. 임상 전문가가 아이의 ADHD를 판별하는 데 도움을 주는 보조적 검사이기도 하지만, 아이의 종합적인 심리 및 인지 상태를 알아보는 검사라고 보시면 됩니다. 웩슬러 지능Wechsler Scale of Intelligence 검사, 신경 심리검사, 주의력 검사 등 다양한 검사로 이뤄져 있으며 총 3~4시간에 걸쳐 진행합니다.

풀배터리 검사에서는 아이의 언어능력과 지적 능력이 어느 정도 발달했는지, 정서적 어려움이 있는지, 사회성 발달 정도와 성격적 특성 등을 평가합니다. 하지만 아이의 언어표현이 부족하고 정서적으로 미숙하거나 너무 어린 경우, 또는 특정한 정신과적 질환이 있어 장시간 집중이 어려운 경우에는 검사를 수행하지 못할 수도 있습니다.

따라서 이 책을 읽는 부모님께는 자녀의 ADHD를 판별하고
자 무조건 풀배터리 검사를 요청하기보다는, 전문의의 판단에
따라 아이를 이해하고 진단하는 데 필요한 검사를 받으시기를
권합니다. 이때 심리검사 결과만으로 아이의 상태를 판별하거나
진단해서는 안 되며, 정신과 전문의와의 면담 등을 통해 종합적
인 진단이 필요함을 반드시 기억해 주세요.

웩슬러 지능검사

현재 전 세계에서 널리 사용되는 개인용 지능검사입니다. 언
어이해, 작업기억, 처리 속도, 지각 추론 등의 항목을 통해 지능
지수를 파악합니다.

신경 심리검사

1. 벤더-게슈탈트Bender-Gestalt 검사

뇌기능 장애나 시각-운동 협응능력, 시각적-지각적 능력
의 발달을 파악하기 위한 목적으로 활용됩니다.

2. 시각-운동 통합 발달 검사

미취학어린이 혹은 학령기아동의 시각·지각-운동협응 능
력을 평가하기 위한 검사입니다. 34개월부터 검사할 수 있

습니다.

3. 스트룹 아동 색상-단어Stroop Color and Word 검사

이 검사에서는 파란색으로 인쇄된 '빨강'이란 단어를 '파랑'
이라고 말해야 합니다. 전두엽의 억제 능력과 선택적 주의
력 등 실행 기능을 평가하는 데 유용한 검사입니다.

4. 선로 잇기Train Marking 검사

전두엽의 실행 기능을 측정하는 신경 심리검사를 말합니
다. 크게 A형과 B형으로 나눌 수 있습니다.

· TMT-A형 검사 : 숫자를 순서대로 빠르게 연결하는 과제
· TMT-B형 검사 : 숫자와 알파벳을 연결하는 과제

5. 레이-오스테리스 복합 도형Rey-Osterrieth complex figure 검사

아이에게 복잡한 도형을 제시하고 이를 따라 그리게 하는
검사입니다. 이를 통해 계획 능력과 조직화 능력, 시각적
기억력, 시각-운동협응 능력 등을 알 수 있습니다.

6. 위스콘신 카드 분류Wisconsin card sorting 검사

전두엽의 실행 기능을 평가하는 대표적인 검사입니다. 분

류 기준(색깔, 모양, 개수)에 따라 1장의 반응 카드를 선택해 진행하는 방식입니다.

연속 수행 Continuous Performance **검사**

각성도나 주의 집중력을 측정하는 대표적 방법으로 연속 수행 검사가 있습니다. 특정한 기호, 숫자, 문자를 컴퓨터 화면에 제시하거나 들려주고 검사를 받는 아이가 그 표적이 나올 때마다 반응하는 것을 살펴보는 방식입니다. 약속한 표적이 나왔을 때의 빠른 정반응 수, 표적에 반응하지 않는 누락 오류 수, 잘못 반응한 오경보 오류 수, 올바르게 반응하는 데 걸린 시간과 표준편차가 측정됩니다. 정반응 수와 누락 오류 수는 지속적 주의력, 오경보 오류 수는 주의 집중력과 인지적 충동성 및 반응 억제 능력 등과 관련이 있습니다. 연속 수행검사에는 정밀 주의력 검사, 종합 주의력 검사가 많이 쓰입니다.

투사적 그림 검사

1. **집-나무-사람**House-Tree-Person **검사**

아이에게 집과 나무, 사람을 각각 그리게 해 성격적 특성과 행동, 대인관계 등을 파악하는 검사입니다.

2. 운동성 가족화Kinetic Family Drawing 검사

아이에게 가족이 뭔가를 하고 있는 그림을 그리게 한 후 아이에게 이를 설명하게 합니다. 이를 통해 아이가 가족에게 느끼는 감정과 태도를 확인할 수 있습니다.

3. 로르샤흐Rorschach 검사

총 10장의 카드(흑백 5장, 컬러 5장)를 보고 아이의 반응을 통해 무의식적 갈등, 사고 및 정서의 문제, 현실 검증 능력, 성격 등을 평가할 수 있습니다.

PART 2

아이의 ADHD 극복,

온 가족의 마음이 필요합니다

ADHD, 뇌의 문제이지
양육의 문제가 아닙니다

"선생님, 혹시 제가 아이에게 건강한 음식을 안 줘서 ADHD
가 나타난 걸까요?"

"가끔 스마트폰을 보여준 것이 원인일까요?"

"임신했을 때 태교에 신경을 못 써서일까요?"

진료실을 찾아온 많은 부모님이나 조부모님이 ADHD의 원
인을 두고 이런 질문을 하십니다. 이런저런 이유로 엄마가 아이
를 제대로 돌보지 않았거나 아이에게 온전히 집중하지 않아서
ADHD가 나타났다고 생각하시는 거예요.

하지만 전혀 그렇지 않습니다. 집안 환경이나 양육 환경과는
아무런 관련이 없어요. 아이 어머니가 맞벌이가 아니라 전업주

부였어도, 이혼하지 않았어도 아이에게는 ADHD 증상이 나타났을 겁니다. 분명히 말씀드리지만 ADHD는 아이의 뇌 발달이 더뎌지면서 생긴 질환입니다.

우리 뇌에는 전전두엽이라는 곳이 있습니다. 이마 안쪽에 위치한 이곳은 뇌의 지휘자이자 관제탑 역할을 수행합니다. 바로 이 전전두엽이 다소 늦게 발달하면서 다양한 ADHD 증상이 나타납니다. 하필 뇌의 다양한 부위 중에서도 최상위 기관에서 문제가 발생한 것이지요.

아이의 뇌가 1~2년 늦게
성장하는 것뿐입니다

전전두엽의 발달이 늦어지면 크게 세 가지 영역에서 문제가 나타납니다. 첫째, 집중력과 사고를 조절하기 어려워져요. 이것은 특히 학습의 어려움을 야기합니다. 아이가 분명 5분이면 풀 문제인데 30분 동안 붙잡고 있을 때가 있을 거예요. 마음만 먹으면 쉽게 풀 수 있는데도 그렇게 느긋할 수가 없어요. 여느 아이들처럼 공부가 싫어서 몸을 배배 꼬는 것이 아니라, 전전두엽에서 집중을 못 하도록 방해하는 거예요. 부모님이나 선생님이

이 사실을 아셔야 적절한 학습코칭을 할 수 있습니다.

둘째, 해서는 안 될 활동을 억제하는 브레이크 기능에도 빨간 불이 들어옵니다. 수업 시간인데도 교실을 돌아다닌다거나 분주한 행동을 하는 이유입니다. 친구가 싫다고 해도 계속 장난을 치는 이유도 이 브레이크가 고장 났기 때문이고요. 명심할 점은 ADHD 아이가 절대 친구나 부모님을 괴롭히려고 일부러 그러는 행동은 아니라는 점입니다.

셋째, 감정 조절 면에서도 어려움이 있습니다. 또래에 비해 지나치다 싶을 정도로 떼를 쓰거나, 원하는 대로 되지 않으면 폭력적인 행동과 욕설을 하는 이유가 여기에 있지요. 감정 제어장치가 제대로 작동하지 않으니 마치 이 순간이 삶의 전부인 것처럼 감정을 지나치게 많이 사용하는 거예요.

ADHD 아이들이 말썽을 피우는 것은 의지의 문제가 아닌 뇌의 문제입니다. 이렇게 설명하면 "저희 아이의 뇌가 고장 났다는 말이네요"라고 받아들이는 분이 있습니다. 좀 더 정확하게 짚어 드리면 고장 난 것이 아니라 뇌의 성장이 지연되는 것뿐이에요. 성장이 지연됐다는 것은 시간이 흐르면 해결되는 측면이 있어 긍정적 결과를 기대해 볼 수 있다는 뜻이기도 합니다.

다시 한번 강조하지만 ADHD는 아이가 노력과 의지로 어떻게 할 수 없는 뇌의 문제입니다. 증상을 완화하기 위해서는 전전두엽을 발달시켜야 하며, 이 과정에서 전문가의 진료와 꾸준한 치료 계획이 필요합니다. 결코 훈육이나 노력으로 극복할 수 있는 문제가 아닙니다. 키가 크고 싶다는 소망이 있다고 해서 당장 원하는 만큼 키가 클 수 없는 것처럼 말이지요.

또 단시간 안에 치료할 수 있는 것도 아닙니다. 장거리마라톤처럼 길게 보고 꾸준히 치료하며 관리해 나가야 하는 질환이에요. 한 살이라도 어릴 때 진단을 받고 치료를 시작할수록 아이가 느끼는 불편감과 사회관계에서 충돌이 덜합니다.

이런 생각으로 ADHD에 대한 관점을 달리하면 아이에 대한 관점도 바뀝니다. 늘 말썽만 피우고 혼내야 하는 아이에서 부모님이 도와주고 기다려 줘야 하는 아이로 생각되실 겁니다. 물론 아이의 뇌 발달을 이끌어 내며 치료해 가는 과정이 결코 쉬운 일은 아닙니다. 보통의 아이를 키우는 것도 쉽지 않은 일인데, ADHD를 겪는 아이라면 다른 아이보다 몇 배의 공력이 들어갈 겁니다. 그럼에도 이 질환과 아이를 바라보는 시각만 바꾸어도 부모님의 마음이 한결 편안해질 수 있습니다. 그 마음을 굳건히 가지고 가신다면 지치지 않고 끝까지 아이의 손을 잡고 앞으로 나아가실 수 있으실 거예요.

아이의 진단 후
우울하고 상처 입은 부모님들께

ADHD 자녀를 둔 부모님의 감정 상태는 꼭 한번 자세히 다루고 싶었던 주제입니다. 아직까지는 어머니들이 주 양육자인 경우가 많아 병원을 방문하는 분들도 어머니들인 경우가 많습니다. 검사 결과를 듣는 날이면 대부분의 어머니들이 전날 밤을 꼬박 지새우고 벌건 토끼눈이 돼 오시곤 합니다.

우리나라에서 부모에게 있어 자식은 대단히 큰 의미를 차지합니다. 그러다 보니 ADHD라는 진단을 받았을 때 부모님의 충격은 상당한 편입니다. 제가 말을 꺼내기가 무섭게 오열하는 분들도 계십니다. 사실 아이를 데리고 정신건강의학과를 방문하는 것도 매우 힘든 일인데, 검사 끝에 아이가 ADHD라는 진단을 받으면 이를 이성적으로 받아들이기란 당연히 어렵습니다. 오히려 한 번에 받아들이는 분이 있다면 저는 그분을 심각하게 바라봅니다. 한 번에 받아들이는 것 자체가 또 다른 방어기제일 수 있기 때문이지요.

방어기제는 극도로 스트레스 상황에 처했을 때 그 상황으로부터 자신을 보호하기 위해 발동하는 사이렌입니다. 우리 마음이 "어서 스스로를 지켜라!"라며 경보음을 울리는 겁니다. 자녀의 ADHD 진단 역시 부모님에게 이런 경보음을 울리기에 충분한 사건입니다.

통상적으로 어머니와 아이, 주치의가 안면을 트고 아이의 상태를 확인하고 치료 일정을 계획하기까지 약 4번의 만남이 있습니다. 이 4번의 만남 동안 어머니들의 표정에서 많은 변화를 목격하곤 합니다. 첫 진료 때는 바짝 긴장한 상태에서 자기만의 심리적 가면을 쓰고 오시는 경우가 많지요. 공격적인 얼굴, 초조해하는 얼굴, 부정하고 싶어 하는 얼굴 등 정말 다양한 가면이 보입니다.

그러다가 ADHD를 확진하는 2회 차가 되면 그 가면마저 무너지는 모습을 보입니다. 왜 안 그러겠어요? 눈에 넣어도 아프지 않을 내 아이가 진단을 받는 일이잖아요. 그러다가 다시 3회 차 방문부터는 이전까지의 얼굴은 온데간데없이 사라지고, 어머님들 특유의 굳은 의지가 느껴지기 시작합니다. 제가 진료실에서 어머님들께 해드리는 말이 있습니다.

"자녀가 ADHD가 아닌 부모님들은 다 행복할까요? 그건 아닐 거예요. 자녀 문제는 죽을 때까지 아무도 모르잖아요. 오히려 여기에 와서 터놓을 수 있다는 건 그만큼 많은 아이들이 ADHD를 겪고 있다는, 이 시대의 보편적인 문제라는 뜻이에요. 게다가 점점 좋아질 수 있는 질환이잖아요. 부모님이 먼저 희망을 보고 치료에 임하셔야 아이도 따라올 수 있습니다."

그렇습니다. 미리 겁먹을 이유도, 도망칠 이유는 더더욱 없는 게 ADHD 치료입니다. 무엇보다 치료 계획을 세우는 초반에 어머니가 솔직한 심정을 털어놓을수록 '엄마의 자존감 회복'이 포함된 치료 환경을 구축해 나갈 수 있습니다.

우리 아이가 ADHD라니, 말도 안 돼!

『인생 수업』의 저자인 정신과 의사 엘리자베스 퀴블러 로스 Elisabeth Kübler Ross는 상실을 받아들이는 애도 과정을 다섯 단계로 설명합니다. '애도'라고 하면 죽음만 떠올리는데 정신적인 슬픔을 안겨주는 '작은 상실'에 대해서도 우리는 이 다섯 단계를 거칩니다. 진료실에 오시는 부모님들 역시 자녀가 ADHD 진단을 받으면 이 과정을 거칩니다.

첫 번째 단계는 부정Denial입니다. 누군가가 아이를 병원에 데려가 검사를 받아보는 게 좋겠다고 했을 때 이를 듣고도 모른 척하거나 "우리 아이가 ADHD라고? 말도 안 돼!"라며 부인하는 경우가 이 단계에 속합니다. 특히 아이의 ADHD를 완강하게 부정하는 아버님들이 이 단계에 오래 머무르는 경우가 많습니다. "나도 어릴 때 말썽꾸러기였지만 잘 자랐어. 원래 애들은 그렇게 자라는 거지", "그게 무슨 문제라고 대학 병원까지 가서 유난이야?" 등의 반응을 보이시곤 합니다. 이 모든 것이 부정이라는 방어기제에 해당합니다. 과민 반응을 보이거나 극구 부인한다는 것은 그만큼 두렵기 때문이거든요.

두 번째 단계는 분노Anger입니다. 저는 부모님과 처음 상담할 때 '왜 이 시점'에 병원에 오셨는지를 묻습니다. 이는 아이가 처한 상태를 파악하는 단서가 되기 때문입니다. 부모님이 보기에 다른 아이와 내 아이를 비교해 봤더니 뭔가 달라서 왔다면 좋은 신호라고 할 수 있어요. 자발적으로 병원을 찾은 만큼 진료와 치료에도 적극적입니다. 제가 느끼기에 오신 분들의 70퍼센트 정도가 그러합니다. 그런데 비자발적으로 병원에 왔을 경우, "검사해서 아니기만 해봐, 두고 보자!"라는 심정을 드러내는 분들이 있습니다. 한마디로 "어쩌다 내 아이가?", "유독 내 아이에게만?"이라는 말 역시 분노 단계에서 생겨나는 감정입니다.

그래서 나타나는 세 번째 단계가 협상Bargain입니다. 협상을 거치면서 자연스럽게 조금씩 받아들이는 단계로 진입하는 것이지요. 이때 중요한 것이 부모님 외 다른 가족의 영향력입니다. 요즘은 아이의 ADHD 치료에 있어 양가 어른들이 총동원되는 경우가 많습니다. 그런데 어르신들의 경우 손주가 ADHD라고 하면 불치병으로 여기거나 부모가 양육을 잘못한 것이 원인이라고 생각하는 분들이 여전히 많습니다. 아무래도 어르신들이 자녀를 키울 때는 이런 진단명이 없었던 만큼 익숙하지 않으실 겁니다.

그렇다 보니 어머니 입장에서는 다른 가족의 눈치까지 살펴야 하는 이중고에 시달리기도 합니다. 7장 약물 치료 부분에서 설명하겠지만 ADHD 증상을 완화하는 약의 부작용 중 하나가 식욕부진입니다. 평소 손주의 식사량에 예민했던 할머니가 보기에 아이가 잘 먹지 못하면 없던 고부갈등이 그때부터는 불거질 수도 있습니다.

이런 상황들을 겪으면서 네 번째 단계인 우울Depression에 진입하게 됩니다. 정신과에서는 ADHD 자녀를 둔 어머니 중 20퍼센트가 우울증을 경험한다는 연구 보고가 있습니다. 아이의 병이 엄마의 병으로 번지는 건데 그 속을 들여다보면 이런 이중고, 삼중고에 놓여 있는 경우가 많은 것이지요.

부모의 우울과 불안을 극복해내려면

특히 어머니들이 심한 우울감을 느끼게 되는 대표적인 상황 세 가지를 꼽자면 다음과 같습니다. 첫째는 ADHD를 앓는 다른 아이들에 비해 내 아이의 증상이 심한 경우입니다. 처음부터 아이를 데리고 병원에 오는 것이 쉽지 않은 만큼 병원에 오기 전 어머니들이 이미 ADHD 관련 정보를 여러 경로를 통해 찾아보는 경우가 많습니다. 이때 정보만 수집하면 괜찮은데 이 과정에서 다른 아이와 내 아이를 비교하게 됩니다. 같은 ADHD 아이라도 우리 아이보다 증상이 훨씬 덜하거나 말썽은 피우지만 지능이 높아 학교 성적이 우수한 아이도 있습니다. 이런저런 점을 견주면서 '같은 질환인데도 내 아이만 심하구나' 하는 마음에 우울해집니다.

둘째는 어머니의 자존감 혹은 자기애에 손상이 오는 경우입니다. 살아오면서 실패나 결핍의 경험이 적었던 어머니일수록 아이가 ADHD라는 사실을 받아들이기 버거워하는 경우가 많습니다. 별 문제 없이 살았는데 갑자기 내 아이가 학교에서 문제아로 취급받는다든가, 다른 학부모와 선생님에게 자주 연락이 온다든가 하면 받아들이기 쉽지 않지요. 이런 경우에는 어머니에게도 시간이 필요합니다.

마지막으로 그동안 '얘가 대체 왜 이러지?'라며 막연히 혼란스러웠던 부분이 아이의 ADHD 진단으로 선명해지는 순간 온갖 감정이 뒤엉키면서 우울감이 찾아올 수 있습니다. 이 역시 자연스러운 감정의 전환입니다. 이렇게 우울 단계를 거치고 나면 마지막 단계인 수용Acceptance에 접어듭니다.

지금까지 말씀드린 다섯 단계를 다 거치는 분이 있는가 하면, 특정 단계를 건너뛰는 분도 있습니다. 조금씩 개인차가 있을 수 있어요. 저는 여기에 한 가지 추가하고 싶은데 바로 '불안'입니다. 불안감을 크게 느끼는 분일수록 부정 단계를 쉽게 벗어나지 못하거든요.

다른 누구도 아닌 아이 때문에 생겨나는 감정인 만큼 이때의 불안은 평범한 불안과는 결이 다릅니다. 만약 어머니 스스로 보기에 불안도가 높다면 과도한 정보 수집은 피하는 것이 좋습니다. 진료실에 오실 때 이미 맘 카페에서 접한 각종 정보에 기반한 오만 가지 걱정을 펼쳐놓는 어머니들이 있습니다. 그때마다 이렇게 말씀드립니다.

"어머님, ADHD는 모든 아이에게 동일하게 나타나지 않습니다. 아이 성격이나 기질에 따라 다양한 모습으로 나오는데, 옆에서 해주는 조언은 각자 경험한 범위 내에서 하는 말일 뿐이에요. 그분의 아이에게만 유효한 이야기입니다. 내 아이와 그 집 아이는 모든 면에서 다르지 않을까요?"

이 책을 보는 분들이라면 '내 아이에게 집중한다'를 큰 원칙으로 삼아주세요. 부모인 내가 똑바로 길을 찾아가야 아이도 그 길을 따라갈 수 있습니다. 그러니 다른 사람 말에 휘둘리지 마시고 우리 아이에게 유효한 치료에 집중해 주시기 바랍니다. 이는 누구보다 아이를 잘 알고 사랑하는 부모만이 해낼 수 있는 일입니다.

부모가 '한 팀'일 때
예후도 더욱 좋습니다

진료실에서 숱한 부모님들을 만나면서 ADHD가 지닌 다양한 얼굴만큼 부모님들이 이 질환에 대해 갖는 인식의 범위가 제각기 다르다는 것을 느낄 때가 많습니다. 우선 어머님들은 아이의 손을 잡고 마라톤을 시작해야 하는 최전방 멤버인 만큼 마음이 급합니다. 하루라도 빨리 아이를 지금보다 나은 상태로 만들고 싶으신 거죠. 여기에 비해 아버님들은 진단을 이해하고 받아들이는 속도가 더딥니다. 심지어 진단 사실을 접하고 나서 아이 상태를 받아들이지 못하거나 병원에 다니는 것을 막는 경우도 있지요. 아무래도 진단명이 '장애'라는 말로 끝나니 큰 저항감이 드는 것 같아요. 그러다 보니 자녀의 ADHD 진단이 부부싸움으로 번지기도 합니다.

"그래서 (네 멋대로 아이를 정신과에 데리고 다니면) 사람 구실은 할 수 있대?"

어머님들이 제게 하소연하며 전하는 남편의 말이자 진료실 앞에서도 종종 들리는 말입니다. 사랑하는 가족이 어떤 병에 걸렸다고 했을 때, 저런 말을 내뱉는다거나 그 말을 듣는다는 것은 상상조차 못 할 일입니다. 일반적으로는 진심어린 걱정과 무거운 정적이 흐를 뿐이지요. 그런데 왜 세상에서 가장 아끼고 사랑하는 내 아이의 질환에 대해서는 이런 공격적인 말을 하는 걸까요.

아버님들의 질문에 20년간 진료 현장에 있었던 제가 답을 하자면, "사람 구실은 물론이고, 그 이상도 얼마든지 해낼 수 있어요"입니다. 아이들이 가진 잠재력은 그 무엇이 와도 이겨낼 만큼 깊고 풍부하거든요. 이렇다 할 변화가 없었는데 어느 순간 확 바뀌는 게 아이들이에요. 부모라면 아이의 먼 미래는 물론, 당장 내일에 대해서도 함부로 단정 지어서는 결코 안 됩니다.

흔히 ADHD 아이들은 집중력도 부족하고 충동적이니 성적도 좋지 않을 것이라고 생각하는 경우가 많은데 결코 그렇지 않습니다. 내신 1등급을 받고 누구나 가고 싶어 하는 대학교에 합격한 아이부터 남들과는 조금 다른 자신에 대해 치열하게 고민하고 적성을 찾아 사회에서 충분히 제 몫을 해내고 있는 아이까지, 저를 찾아와 10년 넘게 꾸준히 치료받고 있는 아이들 중에는 누구와 견줘도 부족하지 않을 만큼 훌륭하게 성장한 아이들이 많습니다.

ADHD 진단과 치료를 부정하는
'아빠의 벽' 뛰어넘기

가정에서 아버지에게 아이의 ADHD 진단 사실이나 치료 계획을 공유하지 않았다가 나중에 아버지가 알게 될 경우, 치료 중단 위기가 찾아올 수 있습니다. 그때는 아이가 문제가 아니라 '가족 간의 신뢰가 깨지느냐, 마느냐'의 문제가 됩니다. 특히 자수성가형이거나 가부장적인 마인드가 강한 아버님들은 뒤늦게 아이가 정신과를 다닌다는 사실을 알게 되면 그냥 넘어가지 않는 경우가 많습니다. 이분들이 지닌 자존심과 자기애가 그것을 용납하지 못하는 것이지요. 제가 경험한 환자 가족들 중에도 자신을 속인 아내에 대한 분노로 아이를 호되게 잡거나 아이의 치료를 중단하고 해외로 유학을 보내는 아버님의 사례가 적지 않았습니다.

따라서 아버님이 자녀의 치료를 반대하거나 어머님을 비난한다고 들으면, 저는 일단 한번은 꼭 아버님이 병원에 같이 와주십사 요청합니다. 간혹 어떤 어머님들은 "저희 남편 정말 고집이세요. 여기 왔다가 선생님이랑 싸울 수도 있어요"라며 겁을 내시기도 하지만, 저는 "괜찮습니다. 그래도 모시고 오셔야 해요"라고 말씀드려요. 엄마와 아빠가 '한 팀'이 돼야만 험난한 여정을 헤쳐 나갈 수 있기 때문입니다. 이를 위해서는 ADHD에 대한 부모 양쪽의 이해 수준이 같아야 해요. 그렇지 않으면 어느 한쪽이 감정적으로 반응할 수 있고 이 때문에 중도에 진료를 포기하게 될 수도 있습니다.

실제로 그렇게 해서 모셔온 아버님들 대부분은 설명을 듣고 무난하게 이해하고 가시지만, 쉽지 않은 한두 분도 있습니다. 진료실에 들어올 때부터 '어디 한번 보자. 얼마나 날 설득할 수 있는지'라는 표정이 보이거든요. 물론 이런 반응도 이해되는 것이 ADHD가 숫자로 결정되는 병이 아니기 때문입니다. 피검사나 MRI처럼 특정 검사의 기준 수치로 결정되는 진단이 아니라 다양한 검사와 주관적인 해석을 거쳐 내려지는 진단이다 보니, 아버님들은 '객관적이지 않아서 못 믿겠다'라고 생각하시는 경우가 많습니다.

그러면 저는 자녀의 검사 결과지를 들고 하나하나 설명을 해

나가기 시작합니다. 다행히 이 과정에서 60~70퍼센트 정도는 납득하십니다. 그리고 그때부터는 적어도 병원에 다니는 것을 두고 어머님과 다투지는 않습니다. 어머님들은 "애 아빠에게 알려봤자 좋은 소리 못 들어요", "지금 거기까지 쏟을 힘이 없어요"라며 당장은 남편을 피해 가려고 하는데 어차피 한번은 넘어야 할 산입니다.

때로는 아이가 지닌 설득력을 믿어보세요

아버님과 병원에 같이 오시라고 요청하면 "애 아빠가 죽어도 병원은 오기 싫대요"라고 말씀하시는 어머님들이 있습니다. 남편이 아이의 치료를 반대하지는 않지만, 병원만큼은 같이 오기 싫다고 한다는 거예요. 저는 이럴 경우 남편에게 운전이라도 부탁하고 주차장까지만이라도 같이 오시라고 말씀드립니다. 어머님의 에너지를 조금이라도 아끼기 위해서입니다.

수년 전에 처음 찾아오셨던 아버님 중 정말 고집이 센 분이 계셨습니다. 딸은 조용한 ADHD, 아들은 과잉행동형 ADHD 진단이 나온 상태였는데 곧 죽어도 병원에 두 아이를 보내기는 싫다던 분이었어요. 만약 아내가 계속해서 병원에 아이들을 데리고 갈 경우 모든 경제권을 빼앗겠다고 해서 어머님이 제게 도움을 요청한 상황이었습니다. 겨우 모셔온 아버님은 의료진 앞에서도 치료고 뭐고 필요 없으니 더 이상 보지 말자며 큰소리치셨어요.

알고 보니 아이들의 진단 결과를 받아들이지 못하는 것이 아니었습니다. 아버님의 부모님 두 분 모두 10년 넘게 병원 침상에 있다가 돌아가셨고, 그러다 보니 본인은 병원 냄새만 맡아도 싫은데 왜 아이들에게 벌써 이런 분위기를 알게 하느냐며 반대했던 거였지요. 그러다가 아이들이 먼저 "아빠, 나 병원에 다니고 싶어요. 치료받아서 다른 아이들이랑 친하게 지내고 공부도 열심히 하고 싶어요"라고 조르자 아버님의 마음도 흔들리기 시작했습니다. 결국 "3개월만 다녀보고 좋아지면 계속 다니게 해주겠다"라고 약속했고, 자녀들 상태가 호전된 것을 목격하고서는 계속해서 치료받는 데 동의하셨지요. 이후로 벌써 5년 넘게 아버님이 직접 진료를 예약하고 아이들을 데리고 오십니다.

이처럼 병원에 대한 트라우마가 있는 분일수록 무작정 반대부터 하는 경우가 많습니다. 이럴 때는 엄마 혼자 고군분투하기보다는 자녀의 힘을 빌리는 것도 좋은 대안이에요. 초등학교 3학년만 돼도 아이는 충분히 자기 의견을 낼 수 있습니다. 당사자인 아이가 진료를 희망하면 완강했던 아빠들도 자신이 원하는

성과를 조건으로 한두 번은 기회를 주려고 합니다. 그렇기 때문에 남편이 완고하게 ADHD 치료를 반대한다고 해도 솔직하게 터놓고 이야기하기를 권합니다.

ADHD는 마라톤처럼 멀리 내다보고 긴 호흡으로 관리해야하는 질환입니다. 아이가 자라면서 새로운 변수와 걸림돌이 끊임없이 생겨나기 마련이고, 그럴수록 엄마 아빠가 합의된 양육태도를 바탕으로 나아가야 해요. 또한 별 탈 없이 성장한 아이부터 문제 행동이 두드러지는 아이까지 정말 다양한 면모가 관찰되는 질환이 ADHD입니다. 이 말은 부모의 양육관과 태도에 따라 내 아이도 얼마든지 잘 자랄 수 있다는 뜻이기도 합니다. ADHD가 발현되는 스펙트럼 선상에서 자녀가 좋은 위치에 놓이도록 부모님이 합심해 최선을 다하는 것, 그것이야말로 ADHD 아이를 키우는 부모의 역할이 아닐까 합니다.

당사자인 아이에게는
어떻게 말해줘야 할까

아이의 ADHD 치료에 있어서 다른 가족들만큼 꼭 알아야 하는 사람이 있습니다. 바로 당사자인 아이 자신입니다. 처음에는 멋모르고 엄마가 가자니까 병원에 오던 아이도 "왜 동생은 안 오고 나만 와?", "나 어디 아픈 거야?"라는 식으로 물어보는 때가 한 번은 찾아옵니다. 때문에 아이에게 사실대로 말할지 말지, 한다면 어느 정도까지 어떻게 설명해야 할지 고민하는 부모님들이 많습니다. 결론부터 전하면 아이에게도 알려주는 것이 좋습니다. 단, 시기와 방식이 중요합니다.

아이에게 ADHD를 설명하기에 적절한 때는 초등학생 시기입니다. 그렇다고 초등학교에 입학하자마자 짐을 내려놓듯 덜컥 말해주는 것은 좋은 방법이 아니에요. 아이의 발달단계와 상황에 맞춰 서서히 시도하는 것이 바람직하지요. 아이가 자신의 증상이나 먹고 있는 약 등을 어떻게 생각하는지 물어보고, 아이의 이해 수준을 가늠하면서 말할 타이밍을 보는 것이 최상의 시나리오입니다.

아이가 느끼는 불편함을 중심으로 말해주세요

그럼 어떤 방식으로 아이에게 알려주는 것이 좋을까요? 아이를 처음으로 어린이집이나 태권도장에 보냈을 때를 떠올려 보세요. 아이에게 새로운 환경은 엄청난 도전입니다. 안전하다고 느낀 집에서 벗어나 새로운 상황에 적응해야 하는 일은 보통 스트레스가 아니거든요.

그렇다 보니 부모님 입장에서도 자녀를 새로운 곳에 보내면 한동안 "오늘은 거기에서 뭐 했어?", "도복 입은 모습이 너무너무 멋있네!"처럼 세밀한 관심과 반응을 보여주잖아요. 이걸 병원에 대입하지 말라는 법이 없습니다. 단, "뇌가 아파서 병원에 다니는 거야"처럼 사실을 있는 그대로 알려주기보다는 아이가 느끼는 불편한 증상을 주어로 삼아 알아듣기 쉽게 설명하는 편이 좋습니다.

어려운 일이 아니에요. 체력이 약해서 태권도장에 가고, 동네에는 함께 놀 친구가 없으니 어린이집에 가서 친구를 많이 사귀자고 했던 것을 대입해 보시면 됩니다. 이때 "집중력이 좋아지는 거야"라고 단순하게 말하면 아이는 이 말의 뜻을 완전히 이해하지 못하니 구체적으로 설명해 주세요. 몇 가지 예시를 들어보겠습니다.

> **아이가 느끼는 불편함 : 수업 집중이 어렵고 준비물을 깜빡함**
> "병원에 다니면 선생님 말씀도 가만히 앉아서 잘 들을 수 있고 준비물도 잘 챙길 수 있어."

> **아이가 느끼는 불편함 : 음식을 흘리며 먹어서 옷이 더러워짐**
> "뭐 먹을 때 맨날 흘리면서 먹잖아. 네 옷이 깨끗하려면 엄마랑 의사 선생님 만나러 가야 하는데, 한 번 생각해 보고 병원에 갈지 말지 엄마한테 말해줄래?"

> **아이가 느끼는 불편함 : 자주 넘어짐**
> "자주 넘어져서 늘 무릎이 깨지고 아프지? 자꾸 넘어지지 않도록 도움받으러 가는 거야."

> **아이가 느끼는 불편함 : 딴생각을 하다가 중요한 내용을 놓침**
>
> "네가 머릿속에 창의적인 생각이 많은데 어떤 때는 거기에만 빠져서 지금 해야 할 일들을 잊어버리잖아? 그래서 속상하잖니. 네가 속상해하면 엄마 아빠도 많이 속상해. 병원에 가는 건 이런 부분이 더 좋아지게 하려고 가는 거야."

약을 먹일 때, 저학년 아이에게는 이렇게 설명해 주세요

왜 병원에 다녀야 하는지에 대해 아이와 이야기했으면 약에 대해서도 설명해 줘야 합니다. 어른도 그렇지만 아이들도 이유를 듣고 납득했을 때 더 협조적입니다. "어리니까 어른들이 시키는 대로 해", "무조건 약을 먹어야 해"라고 해서는 안 됩니다. 어떠한 경우든 아이를 무시하거나 아이의 의견을 건너뛰려고 해서는 안 됩니다. ADHD 약은 하루 이틀 먹는 약이 아닌데다가 중학생이 되면 아이 혼자서 관리할 수 있어야 하기 때문이지요. 부모님 입장에서는 몇 년 후까지 내다볼 수 있어야 합니다.

그러니 아이가 약을 먹는다면 이 약이 왜 필요한지, 어떤 도움을 주는지 반드시 차근차근 알려주세요. 만약 자녀가 미취학 아동이거나 초등학교 저학년이라면 쉽게 비유하는 방식이 효과적입니다.

> **약 복용에 대해 비유하며 설명하기**
>
> "눈이 안 좋으면 안경을 써서 앞을 잘 볼 수 있잖아? 그런 것처럼 이 약을 먹으면 ○○이가 선생님이나 친구들 말을 더 자세히 들을 수 있을 거야."
>
> "자전거 탈 때 브레이크가 고장 나면 자전거가 멈추지 않지? 네가 가끔 브레이크가 고장 나서 행동을 멈춰야 할 때 그게 잘 안 되잖아. 선생님한테 지적당하면 너만 속상해지고. 의사 선생님이 그러시는데 이 약을 열심히 먹으면 브레이크가 다시 살아난대."

여기서 하나 짚고 넘어갈 것이 있습니다. 아이 앞에서 사용해서는 안 되는 표현도 알고 계셔야 합니다. 이것은 정말 많은 부모님들이 쉽게 놓치는 부분이라서 꼭 알려드리고 싶습니다.

> **약 복용과 관련해 절대 해서는 안 될 말**
>
> "네가 문제를 일으키니 약을 먹는 거야."
>
> "네가 노력이나 의지를 보이면 약 안 먹어도 돼."
>
> "너 오늘 약 안 먹었어? 엄마 힘들게 하려고 일부러 안 먹는 거지?"

이런 식의 표현은 입에 올리지 말아야 합니다. 처음에는 어머님들이 부작용을 걱정해서 아이에게 약 먹이는 것을 망설이지만, 약을 먹고 아이의 증상이 확연히 나아지는 것을 경험하면 약에 집착하시는 경우가 간혹 있어요. 꾸준히 약을 잘 먹는 것은 당연히 치료에 도움이 되지만 그렇다고 약 복용을 아이의 의사보다 우선시해서는 안 됩니다.

다양한 방법을 동원했음에도 약을 기피하거나 그동안 잘 먹던 아이가 갑자기 거부할 때도 있습니다. 약을 먹는다는 것이 정상이 아니라고 생각하면서 반발하기 때문이지요. 이럴 때는 억지로 약을 먹이려고 하지 말고 아이가 편안하게 받아들일 때까지 기다려 주세요. 다만 주치의 선생님과 반드시 상의해야 합니다. 아이 상태를 추적, 관찰하면서 적절하게 처방 시기를 잡아줄 테니까요.

초등 4학년 이상이라면 이렇게 설명해 주세요

아이가 초등학교 4학년 정도가 되면 엄마의 말에 변화를 줘야 합니다. 이 시기 아이들은 말귀도 잘 알아듣고, 추상어나 고급 단어를 이해할 수 있어 조금 더 편안하게 이야기를 나눌 수 있습니다. 이때는 자녀가 힘겨워하는 '증상'에 초점을 맞춰 설명해 주세요.

자녀의 증상 : 과잉행동

"가만히 앉아 있을 수 없고 뭔가를 계속 살펴야 해서 생활할 때 네가 힘들잖아. 지금은 그런 행동을 멈추는 뇌의 브레이크 작동이 서툴러서 그래. 약은 브레이크가 작동되게 도와주는 역할을 한단다."

자녀의 증상 : 산만함

"옆에서 소리가 들리면 쉽게 집중력이 흐트러지잖아? 의사 선생님 말로는 그건 뇌에 소리를 거르는 필터가 잘 작동하지 않아서 생기는 문제래. 이 약은 필터가 잘 작동하게 해줘서 먹으면 네가 오래 집중할 수 있을 거야."

자녀의 증상 : 충동성

"어떤 말이나 행동을 할 때 충분히 생각을 하고 밖으로 나와야 하는데, 뇌에 브레이크가 제대로 작동하지 않으면 생각보다 행동이 먼저 나오게 된단다. 이 약은 이런 부분을 도와서 네가 말이나 행동을 하기 전에 충분히 생각할 수 있게 도와준대."

아이를 병원에 데려가고 약을 먹이는 것조차도 쉽지 않은데, 이런저런 말까지 신경 써야 하니 결코 쉽지 않으실 겁니다. 하지만 아이가 ADHD 환자인 스스로를 어떻게 생각하는지는 곧 아이의 정체성과 자존감에 커다란 영향을 줄 수 있습니다. 아이가 충분히 납득하고 이해할 수 있도록 아이의 눈높이에서 고려해 주세요. 그렇게 될 때 아이의 협조를 얻기도 쉬우며 치료 효과 역시 높아질 수 있습니다.

ADHD일수록
아빠와의 시간이 반드시 필요합니다

요즘 아빠들은 육아나 양육에 적극적입니다. 예전처럼 아내에게만 맡기기보다는 본인이 할 수 있는 역할을 적극적으로 도맡으려 하시는 분들이 많지요. ADHD 아이를 키우는 집이라면 이런 아빠의 의지와 역할을 십분 활용해야 합니다.

아빠가 몸으로 놀아주는 것 자체가
효과적인 ADHD 치료입니다

제가 아빠의 도움을 강조하는 데는 중요한 이유가 몇 가지 있어요. 첫째, 몸으로 놀아주는 일은 엄마보다 아빠가 제격입니다. 엄마보다는 아빠가 몸으로 놀아본 경험이 많아서 아이와도 익숙하게 놀아줄 수 있기 때문이지요.

여기서 '몸으로 논다'라는 것에는 굉장히 중요한 의미가 담겨 있어요. 인간의 기억에는 여러 가지 종류가 있는데 그중 일화기억Episodic Memory과 절차기억Procedural Memory이란 것이 있습니다. 예를 들어 아이에게 "어제 누구랑 놀았어?"라는 질문을 던졌을 때 그냥 "애들이랑요"라고 대답할 수 있겠지요. 이처럼 자신의 경험을 상황과 맥락에 맞게 전달할 때 필요한 기억이 일화기억입니다.

반면 절차기억은 조금 복잡한데 아이가 몸을 반복적으로 사용하면서 무의식 중에 저장되는 기억입니다. 뛰기, 앉았다 일어서기, 자전거 타기, 악기 연주하기, 그림 그리기 등에 필요한 기억이라고 보시면 됩니다. 자전거 타기를 배울 때를 떠올려 부세요. 처음에는 누구나 손과 다리가 따로 노는데 차츰 손발이 맞아 들어가면서 능숙하게 탈 수 있게 됩니다. 이처럼 몸의 여러 신경기관이 서로 조화롭게 움직이는 능력을 '협응능력'이라고 하는데 몸을 써야지만 발달시킬 수 있어요.

기본적으로 절차기억은 운동피질, 기저핵, 소뇌 등 뇌의 여러 부분이 전반적으로 움직여야만 습득할 수 있습니다. 이 절차기억을 훈련하는, 몸을 쓰는 행동들은 특히 ADHD 아이들에게 여러모로 긍정적인 시너지를 냅니다. 그러니 ADHD 자녀를 둔 아빠들이라면 아이와 몸으로 놀아주는 것이 집에서 할 수 있는 탁월한 치료법이 될 수 있습니다.

때로는 아빠 눈에만 보이는 것들이 있습니다

"자전거요? 애한테 가르쳐 주면 다행이게요! 같이 나갔다가 애를 울려서 들어와요. 남편은 가만히 있는 게 도와주는 거라니까요."

남편의 도움이 별 도움이 되지 않는다며 귀찮게 여기는 어머니들도 있으실 겁니다. 그럼에도 남편과 아이를 함께 내보내시길 권합니다. 밖에 나가면 새롭게 보이는 것들이 있고, 그 안에서 배우는 것들이 분명히 있거든요.

어딘가로 향하는 도중에도 아이들은 끊임없이 지식을 익히고 있습니다. 부모님들도 운전을 처음 시작했을 때 '보행자의 시각'에서 '운전자의 시각'로 관점이 확장됐던 경험이 있으실 겁니다. 자전거나 킥보드를 끌고 밖으로 나가는 것도 마찬가지입니다. 탈것을 끌고 나가려면 주민들이 덜 이용하는 시간에 엘리베이터를 타는 것이 좋다든지, 세발자전거를 타는 어린 동생들이 노는 광장은 피해야 한다든지 등 그 공간을 나름대로 잘 활용하는 질서를 익힙니다. 이런 것들 모두 넓은 의미에서 절차와 지식을 습득하는 것이거든요. ADHD 아이들에게는 책을 통해 질서를 배우게 하는 것보다 이쪽이 더 효과적입니다.

남편과 아이가 밖에서 놀다가 들어왔다면 둘 사이에 나누는 대화도 유심히 들어보세요. 상대적으로 매일 밀착해 있는 엄마보다는 가끔 아이와 진하게 시간을 보내는 아빠만이 할 수 있는 '직관적 발견' 때문에 그렇습니다. 이것이 바로 아빠의 도움이 필요한 또 다른 이유입니다.

제 환자 가족 중에 아버님과 아이 둘 다 ADHD라서 함께 치료를 받는 집이 있어요. 한번은 진료실에 오신 어머님이 이렇게 말씀하신 적이 있었습니다.

"남편이 그러는데 애가 학교 운동장보다 실내 체육시설이나 동네 골목에서 놀 때 더 집중하면서 논대요."

어머님은 이를 대수롭지 않게 여기고 전해주셨지만 제가 듣기에는 매우 중요한 정보였어요. '휴먼 스케일Human scale'이라는 건축 용어가 있습니다. 인간의 감각이나 체격을 기준으로 개인이 편안하게 느낄 수 있는 공간이나 척도를 가리키는 말입니다. ADHD 아이들은 다른 아이들보다 감각이 예민한데, 특히 넓은 공간에 있을 때 쉽게 집중력이 흐트러집니다. 사실 이것은 보통의 어른도 마찬가지입니다. 널따란 광장에 있으면 출입구부터 확인한다고 합니다. 이런 이유에서 독서실 공간이 그토록 좁게 설계된 것입니다. 집중력 향상을 위해서이지요. 성인도 이런데 ADHD 아이들은 어떻겠어요. 그런데 이 아버님은 자녀의 이런 특징을 함께 실외에 있으면서 직관적으로 알아낸 겁니다.

이것 말고도 아버님들의 직관적 발견 사례는 많습니다. 아이가 블록을 좋아하는데 어린이집에서는 짜증을 내면서 블록을 집어던지는 습관으로 주의를 듣고 있었어요. 그런데 여기에 대해 아버님이 그 이유를 설명해 주셨어요. 아이와 키즈카페에 갔다가 깨달았다는 것입니다. 아이가 네다섯 살이면 손이 작은데 어린이집에 있던 블록이 아이가 쥐기에는 컸던 거지요. 아이 입장에선 손에 블록이 다 안 들어오니 자꾸 떨어뜨리게 되고, 그러다 순간적으로 충동 조절이 안 되면서 집어던진 것이었습니다.

이처럼 ADHD 아이의 치료에 있어서 남편은 가만히만 있으면 중간은 가는 존재가 아닙니다. 아빠들 눈에만 보이는 것들이 있습니다. 그러니 무조건 도움이 안 된다고 하지 말고, 도움이 되도록 아빠의 등을 떠밀어야 합니다. 그래야 아이를 다방면에서 살펴보고 그만큼 치료도 입체적으로 들어갈 수 있습니다.

ADHD 아이와
그렇지 않은 형제자매를 함께 키운다면

아이가 외동인데 ADHD 진단을 받았다면 부모님의 모든 지원은 이 아이에게만 쏠려도 아무 문제가 없습니다. 오히려 부모님은 물론 양가 조부모님까지 온 관심을 아이에게만 기울일 가능성이 높습니다.

문제는 자녀가 둘 이상일 때입니다. 이런 집에 한 아이가 ADHD 진단을 받고 나면 다른 자녀는 부모님의 시야에서 멀어지기 쉽습니다. 그러다 보면 상대적으로 부모의 관심에서 소외된 아이 역시 언젠가는 부모나 형제자매에게 서운한 감정을 드러내며 폭발할 수 있습니다. 형제자매와의 관계가 왜곡된 형태로 머릿속에 고착화될 수도 있고요. 따라서 자녀가 둘 이상이라면 이 부분을 반드시 짚고 넘어가야 합니다.

부모가 누구를 더 좋아하는지
아이들은 표정, 말투, 온도차에서 눈치챕니다

부모의 에너지는 한정돼 있다 보니, ADHD 자녀를 따라다니며 뒷수습을 하다 보면 정신이 하나도 없어집니다. 머리로는 모든 자녀에게 똑같은 관심을 기울여야 한다고 생각하지만, 부모의 에너지 중 80퍼센트 이상이 ADHD 아이에게 향할 수밖에 없는 것이 현실이지요. ADHD 아이와 보통의 아이를 함께 키우는 가정이라면, 저는 ADHD 아이 입장을 먼저 생각해 달라고 말씀드리곤 합니다. 이 아이들은 태생적으로 남보다 약한 부분을 지니고 태어났어요. 자신이 원해서 혹은 잘못해서 이렇게 된 것이 아니니 억울하지요. 그래서인지 ADHD 아이들은 여느 아이들에 비해 질투심도 강한 편입니다.

저는 상담할 때 아이 따로, 어머님 따로 보는데 그 이유 중 하나가 알게 모르게 나타나는 비교하는 말 때문입니다. 편의상 첫째가 ADHD, 둘째가 일반적인 아이라고 가정하겠습니다. 간혹 아이 앞에서 이렇게 말하는 어머님들도 있습니다.

"선생님, 둘째는 얘랑 다르게 손도 안 가고 저랑 잘 맞아요."

사실 첫째 아이도 엄마 아빠가 ADHD인 자기보다 동생을 더 예뻐한다는 사실을 알고 있습니다. 부모님들은 그런 티를 내지 않아서 아이가 모른다고 생각하시겠지만 아이에게도 보이거든요. 대놓고 어떤 차별적인 말을 해서가 아니라 부모의 순간적인 반응과 표정, 온도차를 통해 알아차리는 거지요. 그러다 보니 부모님이 나름대로 똑같이 대한다고 해도 아이는 말썽 안 피우는 동생을 부모님이 더 좋아한다고 느낍니다. 이렇게 되면 동생이 자신에게 1만큼 잘못을 했는데 100만큼 공격한다거나 별일도 아닌 일에 먼저 시비를 걸어 싸움이 일어나기 쉽습니다.

이때 부모의 역할이 중요합니다. 만약 누가 봐도 ADHD 아이가 동생을 괴롭히고 먼저 시비를 걸었어요. 그렇더라도 바로 그 자리에서 "너 왜 그래?"라며 혼내지 마세요. 나중에 엄마가 안 보는 곳에서 동생에게 보복할 수 있습니다. 동생 앞에서는 아이의 위신을 지켜준 다음, 따로 주의를 주는 편이 더 효과적이에요.

또 형제자매간 다툼이 일어났을 때 첫째는 아빠, 둘째는 엄마가 맡아 달래는 분들이 있는데 이는 좋은 방법이 아닙니다. 어릴수록 아이가 애착을 느끼는 대상이 엄마인 경우가 많잖아요. 감정적으로 위로받고 싶은 시기에 엄마가 동생만 달래주면 첫째는 엄마에게 버림받았다고 느낄 수 있습니다.

ADHD 형제자매로 인해 소외된 아이, 이렇게 신경 써주세요

이쯤 되면 "그럼 ADHD 아이만 챙기라는 뜻인가요?"라고 물어보실 것 같은데요. 그래서 이번엔 동생 입장에서 이야기를 해보겠습니다. 부모님들이 자녀를 가리켜 '손이 많이 가는 아이' 혹은 '손이 안 가는 아이'라고 표현할 때가 많습니다. 여기서 손은 부모의 경제적·정신적·물리적인 자원을 총칭하는 표현이지요. 따라서 손이 많이 가는 아이는 부모의 관심과 자원을 더 많이 받는 아이이고, 반대로 손이 안 가는 아이는 비교적 관심과 신경을 덜 써도 문제없는 아이라는 뜻일 겁니다.

그런데 사람은 적응의 동물입니다. 처음에는 ADHD 자녀에게 신경을 많이 써야 하니 손이 안 가는 다른 아이에게 고마워했지만, 어느 순간부터 부모님들도 이를 당연하다고 여깁니다. 애초에 '손이 안 가는 아이'라는 생각조차 해서는 안 된다고 말씀드리는 이유입니다.

여기서 부모님께 한 가지 질문을 드리고 싶습니다. 과연 손이 안 가는 아이는 누구에게 좋을까요? 바로 부모님입니다. 더 정확히 말하면 부모님께만 좋지, 자녀에게는 좋을 것이 하나도 없어요. "네 동생은 손이 안 가는 아이란다"라는 소리는 "넌 손이 많이 가서 엄마 아빠가 힘들어"라는 말과 크게 다르지 않습니다.

이번에는 동생 입장에서 볼까요? 둘째에게 "너는 손이 안 가는 아이야"라는 말은 바꿔 말하면 "앞으로도 손이 안 가게 커야 한다"와 같은 뜻입니다. 이 말은 둘째에게 너무 큰 부담이자 부모의 도움이 필요한 순간에서조차 아이의 입을 다물게 하는 부정적인 장치가 될 수 있어요. 모든 아이는 부모의 손을 마르고 닳도록 타면서 자라는 게 정상입니다. 게다가 부모님들이 반드시 아셔야 할 것이, ADHD 형제나 자매가 있으면 다른 아이 입장에서는 좋든 싫든 이를 같이 감당해야 하는 운명입니다.

그렇다면 이 아이만이 온전히 느낄 수 있는 '플러스 알파'가 있어야 합니다. 그래야만 삶에서 위기가 왔을 때 아이가 그 힘으로 위기를 상쇄해 나갈 수 있습니다. "엄마 아빠는 ADHD인 형제자매 때문에 여유가 없으니 네가 이해해 줘"라는 부모 태도는 있을 수 없는 일이에요. 이해는 부모의 몫이지 아이의 몫이 아닙니다.

다행히 플러스 알파는 거창한 것이 아니에요. 엄마 아빠가 진심을 담아 사랑을 표현하고 아이 마음을 알아만 줘도 충분합니다.

"엄마 아빠는 그냥 너를 사랑해."

"스스로 할 일을 잘해줘서 너무 기특해. 하지만 넌 아직 아이란다. 도움이 필요하면 언제든 엄마 아빠에게 이야기해 주면 좋겠어."

세상에 거저 크는 아이, 부모의 손길이 없어도 되는 아이는 없습니다. 아이가 어떤 기질과 성격을 지니고 있든 아이에게는 부모의 사랑이 가장 중요하고 그 사랑으로 자란다는 사실을 기억해 주세요.

ADHD 병원 진료, 이것이 궁금해요

아이를 데리고 병원에, 특히 정신과에 오는 것은 결코 쉬운 일이 아니지요. 이런저런 현실적인 문제들을 걱정할 수밖에 없는 것이 사실입니다. 여기서는 진료실에서 자주 듣는 부모님들의 질문들에 대해 답해드리겠습니다.

Q. 병원에는 반드시 엄마만 함께 가야 하나요?

요즘은 맞벌이하는 가정이 많아 어머님들도 시간을 내기 쉽지 않은 경우가 있습니다. 첫 방문이야 연차를 사용하고 어머님이 직접 데려온다고 해도, 정기적으로 병원에 오는 것 자체가 워킹맘이나 다둥이 엄마에게는 쉽지 않을 겁니다.

다행히 요즘은 할머니, 할아버지가 육아에 참여하는 집이 많아지면서 조부모님들의 ADHD에 대한 관심도 높아지는 추세입니다. 제가 근무하는 대학 병원은 지역 주민들을 대상으로 정기적으로 아동 ADHD에 대한 강의가 열리곤 하는데요. 이때 할머니나 할아버지가 오시는 경우가 전체의 절반을 넘습니다. 오셔서 질문도 하시고 의료진이 하는 말을 열심히 받아 적기도 하시지요. 이렇게 하셨던 분들이 나중에 아이를 데리고 내원하는 경우가 많습니다. 이런 모습을 보면 자녀 양육에서 조부모님의 역할이 얼마나 큰지 체감하곤 합니다.

부모님을 제외하고 할머니, 할아버지 다음으로 아이 손을 잡고 내원하는 분들은 가까이에서 조카를 자주 돌봐주고 아끼는 이모나 고모들이에요. 이분들 역시 맞벌이인 언니나 오빠 부부를 대신해 조카를 데리고 와서 적극적으로 상담하고 가십니다. 그러니 혹여 '다른 아이들은 엄마 손잡고 가는데 우리 아이만 다른 가족이랑 가서 기죽지 않을까? 상담이 제대로 될까?'라고 걱정하고 계시다면 전혀 걱정하지 않으셔도 됩니다.

Q. 정신과는 안 그래도 진료비가 비싸다고 들었는데, ADHD일 때 진료비는 더 비싸지 않나요?

다른 진료과와 마찬가지로 정신과에서 하는 진료나 처방에도 국민건강보험을 적용할 수 있습니다. 물론 때에 따라 건강보험이 적용되지 않아 비급여로 처리되는 경우도 있긴 합니다. 간혹 "병원에 가면 이런저런 불필요한 검사를 다 하게 한다"라는 식의 우려를 갖고 있는 분들이 있습니다. 과잉 진료를 걱정하시는 것일 텐데요. ADHD 치료에 직접적으로 들어가는 비용은 생각보다 크지 않습니다. 검사 종류에 따라 다르지만 초기 검사비는 20만~50만 원 정도며, 이후에는 1회 방문 시 5만 원 내의 진료비가 듭니다. 집집마다 경제적 형편이 달라 조심스러운 면이 있습니다만, 매번 수십만 원씩 부담하지는 않으니 겁먹지 않으셔도 됩니다.

Q. 국민건강보험을 적용해 ADHD 진료를 받으면 기록이 남는다고 들었습니다. 누군가 아이의 의무기록을 보게 돼 아이가 나중에 취업할 때 불리하지 않을까요?

부모님들과 이야기를 나눠보면 의무기록이 남는 것뿐만 아니라 어디로 보내진다고 생각하시는 경우가 많습니다. 결론부터 전하면 환자와 보호자 동의 없이는 그 누구도 마음대로 타인의 의무기록을 볼 수 없습니다. 건강보험심사평가원에서 환자 정보를 유출하는 일은 없으니 걱정하지 않으셔도 됩니다.

우리나라에서는 어떤 질병이든지 병원에서 진단을 받으면 질병 코드가 발급됩니다. 정신과에서 진단을 받으면 'F코드'로 기록이 저장되지요. F코드가 남으면 아이가 훗날 취업할 때 불이익을 받지 않는지 궁금해하시는데 그렇지 않습니다. 공기업, 사기업을 막론하고 어떤 기업도 개인의 의무기록을 열람할 수 없습니다. 다만 사보험은 정신과 치료가 끝나거나 약을 처방받은 지 3~5년이 지난 후 일상생활에 지장이 없다는 것이 확인돼야 가입할 수 있는 경우가 많습니다. 따라서 보험 가입을 고려하신다면 상품 약관을 잘 살펴보실 필요가 있습니다.

Q. ADHD 진료를 받으면 군 입대나 운전면허 시험을 보는 데 영향이 있을까요?

현재 우리나라에서 군대 면제 조건은 조현병, 지적장애 등에 한정됩니다. 따라서 ADHD 진단을 받았다고 해서 병역을 면제받을 수는 없습니다. 운전면허 시험의 경우, 엄밀히 말하면 충동적 기질이 있으니 사고를 걱정할 수는 있겠지만 시험 자체를 응시하지 못하는 일은 없습니다.

PART 3

일상 훈육

조용할 날 없는
ADHD 아이, ────
효과적으로
훈육하기

말로 하는 훈육에
꼭 있어야 할 세 가지

아이든 부모님이든 1년 이상 진료실에서 만나다 보면 심리적 거리가 확 줄어듭니다. 남들에게 말 못 할 고민을 털어놓는 곳이니 친밀도가 생겨나는 거지요. 그런데 가끔은 부모님께서 아이 진료 때문에 오셨는지, 아이가 한 짓을 이르려고 오셨는지 헷갈릴 때가 있습니다. 부모님 입장에서는 제게 이를 만한 일이 너무 많은 거예요. 자리에 앉자마자 몇 주간 아이가 학교나 집에서 저지른 잘못을 브리핑하면서 "이거 언제쯤 다 고칠 수 있을까요?"라고 질문을 던지고 저를 쳐다보시곤 하십니다.

제가 "그래도 잔소리는 하지 않으시는 게 좋아요"라고 하면 "그럼 아이를 내버려 두나요? 훈육하지 말라는 말씀인가요?"라는 상기된 목소리가 부메랑처럼 돌아옵니다. 물론 양육자 입장에서 잘못된 행동을 하는 아이를 내버려 둘 수는 없습니다. 당연히 고쳐줘야 하고 훈육도 필요합니다. 단, 하나씩 천천히 해야겠지요. 많은 것을 단시간에 고치려고 하면 엄마도 아이도 지치면서 상황이 더 안 좋아지는 경우가 많습니다.

이미 싫은 소리 백 번은 듣고 온 아이예요

일단 어머님들이 아셔야 할 점은 ADHD 질환을 지닌 아이에게 엄마의 잔소리는 처음이 아니라는 사실입니다. 가끔 제가 "아이가 이 말을 듣는 건 백한 번째에요. 얘는 비슷한 말을 이미 백 번은 들었을 거예요"라고 말씀드릴 때가 있습니다. 즉 반복해서 같은 말을 듣는 아이에게는 잔소리가 그다지 효과적인 방법이 아닙니다. 말로 하는 훈육이 꼭 필요할 때는 그 말이 흡수되는 타이밍을 노리는 것이 좋습니다.

첫째, 아이의 분위기를 살펴보세요. 아이가 현관문을 열고 들어오는데 혼잣말로 씩씩거리거나 신발이나 가방을 거칠게 내려놓거나 아니면 고개를 푹 숙인 채 방으로 쏙 들어가는 때가 있어요. 그때는 타이밍이 아닌 겁니다. '이 녀석이 오늘 학교나 학원,

아니면 다른 곳에서 이미 한 소리 들었구나'라고 감지하고 한발 물러서는 작전을 쓰는 것이 현명합니다. 아이의 눈치를 보라는 말이 아닙니다. 부모의 말이 효과를 발휘할 수 있도록 가장 적절한 때에 말을 건네라는 뜻입니다.

둘째, 잔소리의 양도 중요합니다. 생각해 보세요. ADHD 아이들은 그렇지 않은 아이들에 비해 얼마나 지적을 많이 당하겠어요? 이 아이들은 주의력결핍 때문에라도 부모가 하는 모든 말에 집중할 수가 없습니다. 그런데 아이의 이런 상태는 감안하지 않고 잔소리를 계속 해봤자 부모가 하는 말들이 아이에게는 백색소음처럼 들릴 뿐입니다. 한 귀로 듣고 한 귀로 흘리는 상황만 될뿐더러, 부모 말의 힘만 잃을 뿐입니다.

잔소리에도 '구조화'가 필요합니다

마지막으로 부모가 하는 말에 권위와 의미가 생기도록 하기 위해서라도 잔소리에 구조화가 필요합니다. '간결하게Simple', '되묻고Asking again', '열린 결말Open ending'로 끝나는 것이 이상적인 형태입니다. 말씀드렸듯이 ADHD 아이들은 주의력결핍 문제가 있으니 짧게 핵심만 전달하는 것이 좋은데요. 제가 이렇게 조언하면 "게임 그만해", "가만히 좀 있어", "끼어들지 마"처럼 명령조로 말씀하시는 경우가 많습니다.

그런데 이런 명령어에는 지시하는 사람만 있고 듣는 사람의 입장은 없습니다. 이 말속 어디에도 듣는 사람인 아이는 없어요. 그래서 되묻기와 열린 결말이 필요합니다. 아이에게 짧고 굵게 지시 사항을 말한 뒤, 아이의 의견을 물으면 자연스럽게 아이가 반응할 겁니다. 여기까지 대화를 끌고 올 수 있어야 합니다.

어머니들이 고치고 싶어 하는 것 중 하나가 아이의 식습관인데 특히 편의점에서 파는 군것질거리에 예민해하시곤 합니다. 요즘 아이들이 가장 좋아하는 간식인 젤리를 두고 오가는 대화에서 결말이 닫힌 화법과 열린 화법의 예를 보여드리겠습니다.

> **닫힌 결말 화법**
>
> "젤리 좀 그만 먹어. 너 그거 먹고 이따 밥 안 먹으려고 그러지? 나중에 밥상 치우면 그때 배고프다고 할 거잖아!"

▶ 엄마의 요구로 시작해서 엄마의 요구로 끝나는 결말이 닫힌 화법입니다. 아이는 젤리 좀 먹은 것 가지고 벌써 많은 잘못을 저지른 사람이 돼버렸어요. 엄마가 이렇게 말할 때 아이가 무슨 반응을 더 할 수 있을까요?

▶ 엄마가 "먹어보니 맛있더라" 하면 아이의 반응은 두 가지예요.
놀라서 아무 말도 못하거나 "엄마도 이거 먹어봤어?"라고 되묻
습니다. "무조건 먹지 마"가 아니라 "엄마가 먹어보니까 맛있더
라"라는 호응은 아이가 신나게 대화에 참여하게 만듭니다. 서
로 주고받는 핑퐁 대화가 가능하게 만드는 것, 이것이 결말이
열린 화법의 효과입니다.

참고로 이런 말을 할 때는 아이의 눈을 보고 하는 것이 좋습
니다. 부엌에서 설거지하면서 "엄마도 젤리 좋아해"라고 하면
ADHD 아이들은 귀담아듣지 않아요. 아이의 눈을 보고 이야기
를 해야 부모가 하는 말을 무게감 있게 듣지요. 잔소리를 할 때
도 마찬가지입니다. 엄마가 등만 보이고 "TV 좀 꺼라"라고 해봤

자 아무 소용이 없습니다. 이때도 아이의 눈을 정확히 보면서 지시 사항을 전달해야 합니다.

물론 이 모든 방법은 자녀가 초등학생일 때까지 효과적입니다. 사실 사춘기 아이들이 부모에게 원하는 건 딱 하나입니다. 아무 말도 하지 않는 거예요. 듣기도 싫고 말하기는 더 싫습니다. 요즘 아이들 말로 원하는 대답을 유도하는 대화방식을 '극혐'하는 게 사춘기 아이들입니다. 이걸 모른 채 옆에서 계속해서 부모가 잔소리만 해대면 아이는 "너는 말해라, 나는 안 들으련다"를 시전하며 귀에 이어폰을 꽂기 시작하는 거지요. 대놓고 부모, 특히 만만한 존재인 엄마를 부정하는 모습이 하나둘 나오게 되는 배경이에요.

만약 아이가 사춘기에 접어들었어도 평소 관계가 나쁘지 않았다면 간식을 챙겨주거나 벗어던진 옷을 걸어주면서 "네가 말하고 싶을 때 말하렴"이라는 한마디만 툭 던지고 아이 방에서 나오세요. 딱 이 정도 수위가 좋습니다. 이때 아이가 말을 해주면 고마운 거고, 안 해주면 그만입니다. 아무리 사춘기라 해도 아이들은 자신이 필요한 것이 있으면 엄마 옆으로 와서 이야기를 합니다. 이는 ADHD를 겪는 아이들 역시 다르지 않습니다.

ADHD 아이일수록
아이의 '이것'만은 지켜 주세요

집에서 생활하는 시간이 많은 미취학 아동에게 '부모의 말'은 그야말로 전부입니다. 그런데 부모도 사람인지라 아이의 행동이 마음에 들지 않을 때도 좋은 말만 하기는 정말 어렵습니다. 하물며 ADHD 아이들의 경우에는 어떨까요? 어린이집에서 자주 연락이 오거나 친구와 충돌하는 등 일상에서 크고 작은 문제를 일으키는 경우가 많다 보니, 어머니들의 감정이나 언어 표현이 격한 상태인 경우가 많습니다.

과잉행동형 ADHD로 진단받은 세훈이 어머님도 이런 경우였습니다. 일곱 살 세훈이는 이미 어린이집에서 두 번이나 퇴소를 당한 경험이 있는 아이였어요. 세훈이는 뭔가 마음에 들지 않을 때마다 신발장으로 달려가서 신발을 헤집거나 던지는 행동을 자주 보였습니다. 일종의 화풀이를 했던 것이지요. 이를 제지하는 선생님에게는 팔을 휘두르거나 발길질을 하는 공격성을 보여 퇴소를 당한 것이었고요.

이런 상황을 몇 차례 맞닥뜨리자 세훈이 어머님은 진료실에만 오시면 아이가 바로 옆에 있음에도 불구하고, 욱하는 심정으로 제게 아이의 잘못을 낱낱이 토로하셨습니다. 이 말들이 단순히 아이의 말썽을 하소연하는 정도면 괜찮은데, 더러 아이의 자존감을 떨어뜨리는 말도 있었습니다.

"네가 할 줄 아는 게 뭐가 있어? 맞다, 엄마 망신 주는 건 참 잘하지!"

이 말을 들은 저는 "어머니, 잠시만요. 거기서 멈추셔야 해요"라고 말씀드리고 잠시 아이를 진료실 밖으로 내보냈습니다. 제 앞에서 이 정도라면 집에서는 어떤 대화가 오갈지 훤히 보이는 상황이었지요.

부모님들이 반드시 기억하셔야 할 것이 있습니다. ADHD 아이들에게 집은 몸과 마음을 편안하게 드러내 놓고 있을 수 있는 유일한 공간이라는 사실입니다. 어린이집, 유치원, 학교 등 밖에서 말썽꾼 취급을 받는 아이들이 온전히 숨 쉴 수 있는 공간은 집이거든요. 그래서 저는 부모님들께 아무리 화가 나도 아이의 숨 쉴 공간은 지켜주셔야 한다고 말씀드립니다. 이 부분이 보장되지 않으면 치료 속도가 더뎌지는 것은 물론 자존감 하락, 우울증이나 불안장애 같은 합병증이 따라올 수 있습니다.

자존감을 바닥치게 하는 말, 아이 앞에서 삼가주세요

이렇게 말씀드리면 "머리로는 아는데 그게 잘 안 돼요. 저도 모르게 거친 말이 나가요"라고 하시는 경우가 많습니다. 이럴 때는 두 가지만 기억하시면 됩니다. 첫째, 단기간에 훈육을 끝낼 생각을 해서는 안 됩니다. 한 번에 바꾸려고 하지 말고 긴 호흡으로 임해야 합니다. 아이가 잘못을 저질러서 좋은 말이 안 나갈 때도 있고, 잘 크는 다른 집 아이랑 비교돼서 욱할 때도 분명 있을 거예요. '우리 아이도 빨리 치료해서 저 아이만큼 하는 것을 보고 싶다'라는 의욕을 가지고 집에 왔는데 막상 자녀를 보면 한숨이 나오는 겁니다.

두 번째, 아이의 자존감이 바닥을 치게 만드는 말은 참아야 합니다. 한숨이 한숨으로 그쳐야 하는데 "다른 아이들은 잘만 하는데 넌 왜 이 모양이니?", "동생 반만 따라가도 엄마가 소원이 없겠다!", "너를 괜히 낳아서 이 고생이다"라는 말들은 ADHD 아이에게는 자신의 존재 자체가 부정당하는 말입니다. 홧김에 이 말을 내뱉는 부모가 느끼는 말의 무게감과 듣는 아이가 느끼는 무게감은 전혀 다릅니다.

이런 말을 내뱉는다는 것은 아이와의 끈, 즉 유대감이 끊어져도 상관없다는 뜻이나 다름없습니다. 자녀 교육에 있어 유대감은 모든 것을 우선합니다. 훈육이나 교육보다는 부모와 아이를 연결하는 유대감이 먼저예요. 이 부분을 특히 강조하는 이유는 어릴 때 상처가 되는 말을 들은 아이일수록 성장했을 때 아주 사소한 일에도 크게 좌절해 위험하고 극단적인 모습을 보일 수 있기 때문입니다.

"부모의 말은 곧 아이와의 유대감을 결정한다."

그러니 아이를 향한 분노가 입 밖으로 나오려 할 때마다 위 문장을 세 번씩 되새겨 주세요. 특히 초등학교 3학년에서 중학교 사이에 찾아오는 사춘기를 조금이라도 수월하게 넘기기 위해서라도 아이의 정서 통장에 '마이너스 잔고'가 쌓이지 않도록 부모님들이 말에 각별히 신경을 써주셔야 합니다. 어떤 상황에서도 이것을 놓치지 않는 것이 ADHD 아이를 키우는 부모님에게 꼭 필요한 양육 태도입니다.

아이와의 '밀당', 핵심은 일관성입니다

저는 부모와 아이 사이의 신뢰감을 강조합니다. 아이가 어릴 때는 엄마 아빠와 한시도 떨어지기 싫어 하고 뭐든 함께 하고 싶어 하지만, 자랄수록 이전처럼 살가운 모습은 기대할 수는 없게 되지요. 하지만 자기 주관이 뚜렷해지고 부모의 영향을 덜 받는 시기가 돼도 여전히 부모와의 관계가 좋은 상태로 남아 있게 만드는 요소가 바로 신뢰감입니다.

신뢰감은 부모님들이 아이를 키우며 가장 힘들어하는 일관성과 맞닿아 있기도 합니다. 아이를 키우다 보면 매 순간 아이와 크고 작은 '밀당'을 해야 하는데 이때 일관성이 핵심입니다. 특히 ADHD 아이들이라면 정서와 행동에 부모의 일관성이 크게 영향을 미치곤 합니다.

"왜 엄마는 계속 말이 달라져?"
해줘도 난리 피우는 아이

과잉행동형 ADHD인 재민이는 블록을 가지고 노는 것을 좋아하는 아이입니다. 블록을 맞춰 강아지 집도, 장난감 보관함도, 자신의 아지트도 만듭니다. 다른 장난감은 앉아서 손을 꼼지락거리는 것에 그쳐 활동량이 적은 반면, 블록을 갖고 놀다 보면 일어나기도 하고 몸을 이용해 블록을 무너뜨리는 등 꽤 많이 움직이게 돼 특히 좋아한다고 해요. 자녀가 과잉행동형 ADHD인 경우, 재민이처럼 실내에서 놀더라도 활동 폭이 큰 놀이를 하게 하는 것도 좋은 대안입니다. 특히 블록 놀이는 빨강, 파랑, 노랑처럼 강렬한 색상이 많아 시각에 예민한 ADHD 아이들이 굉장히 선호합니다.

블록을 가지고 노는 것은 좋은데 문제는 그다음입니다. 엄마는 장난감을 가지고 놀았으면 치우는 것까지 해야 다음에 또 갖고 놀게 해주겠다고 하는 반면, 재민이는 '가지고 노는 것'에만 관심이 있고 '정리'에는 관심이 없거든요.

이 상황을 좀 더 자세히 들여다볼까요? 엄마의 입장은 명확합니다. 블록을 가지고 놀았으면 원래대로 분리해서 정리해 두는게 당연합니다. 그런데 재민이의 생각은 좀 다릅니다. 심지어 억울하기까지 합니다. "엄마가 하고 싶은 것만 된다고 해요!"라며 그렇게 억울해합니다.

재민이는 왜 억울하다고 할까요? 블록 놀이를 하기 전 재민이는 집 밖에 나가서 놀고 싶었는데 엄마가 코로나 때문에 위험하니 집에서 놀라고 했어요. 자기 딴에는 실외에서 실내로 장소를 바꾸면서 엄마에게 하나를 양보한 셈입니다. 그런데 엄마는 이런 건 하나도 몰라주고 블록을 치우지 않았다고만 뭐라고 하는 거예요. 여기서 '하나도 몰라주고'가 억울함의 핵심입니다. 게다가 엄마가 다시는 블록을 가지고 놀지도 못하게 하겠다고 으름장을 놓기까지 했어요. 먼젓번 억울함이 채 풀리기도 전에 엄마의 요구사항이 은근슬쩍 늘어난 거예요.

이처럼 부모님과 아이 간의 계산법이 달라지면서 아이의 떼쓰기가 시작되곤 합니다. 아이 입장에서는 엄마 아빠 말이 납득이 안 될뿐더러, 특히 ADHD 아이의 경우 감정을 주체하지 못하니 떼쓰기로 폭발하는 겁니다.

진료실에서 종종 어머님들이 제게 "왜 선생님은 아이 편만 드세요?"라고 말할 때가 있습니다. 누가 봐도 아이 잘못인데 제 반응이 어머님의 기대에 미치지 못했나 봅니다. 하지만 이 자리를 빌려 대답하면 저는 자기 의사나 감정 표현에 서투른 아이의 입장을 대변할 수밖에 없습니다. 이쯤에서 어머님이 주목해야 할 요소가 바로 '보상'입니다.

서로 하나씩 내어주는 것이 진짜 보상이에요

자녀를 키우는 데 있어 '보상'이라고 하면 무엇이 떠오르시나요? 아이가 뭔가를 해냈을 때 주는 어떤 것, 보통은 이렇게 생각하실 겁니다. 그게 무엇이든 '부모가 자녀에게 내어주는 것'이라고 생각하시는 경우가 많지요. 그런데 자세히 들여다보면 아이도 부모에게 뭔가를 내어줍니다. 보상은 위에서 아래로 내어주는 것이 아니라, 서로 주고받는 수평적인 개념이에요.

재민이의 사례에서처럼 "엄마인 나도 아이에게 뭔가를 받았구나(실외에서 실내로 노는 장소를 바꾸는 데 아이가 동의함)"라는 사실을 엄마가 인지해야 두 번째 요구(블록 정리하기)는 다음으로 미루는 융통성을 발휘할 수 있습니다.

아이가 책상 앞에 앉아 있는 모습 보면 어떠신가요? 아마 뿌

듯하고 기분 좋으실 거예요. 식탁에 얌전히 앉아서 밥 한 공기를 다 먹는 모습은 어떨까요? 이 역시 기쁘실 겁니다. 부모님이 원하는 자녀의 모습은 대체로 자녀가 인내하며 부모에게 내어주는 것들입니다. 특히 ADHD 아이라면 가만히 앉아 있는 것 자체가 엄청난 자제력이 필요한 일인데 그럼에도 부모님 말을 들으려 노력하고 있잖아요.

재민이 어머님은 아이가 밖에 나가서 노는 것보다 집 안에서 놀기를 원했습니다. 이때 재민이가 밖에 나가서 놀겠다고 고집을 피웠거나 현관으로 가는 시늉이라도 했다면, 어머님은 재민이가 나가고 싶지만 일단 집에서 놀기로 하며 한 수 물러나 준 것을 인지하셨을 겁니다. 하지만 재민이는 고집부리지 않고 순순히 엄마 말대로 하겠다고 했습니다. 이것은 서로 하나씩 주고받은 거예요. 부모님들이 이 점을 놓치는 경우가 많습니다.

그럼 이게 왜 안 될까요? 가장 큰 이유는 부모님들이 아이에게 지는 것에 대한 근원적인 두려움이 있기 때문입니다.

"한 번 져줬다가 백 번이 되면 어떻게 해요?"

"얘는 만족이란 걸 몰라요. 버릇이 없어지면 그때는 훈육하기가 더 힘들 거예요."

부모님 입장에서는 아이가 요구만 할까 봐 걱정스러운 거예요. 하지만 여기에도 노하우가 있습니다. 우선 아이가 노력을 하나라도 했다면 그때부터는 져주세요. 무조건 맞춰주고 오냐오냐 하라는 소리가 아닙니다. 어차피 ADHD 아이들에게 한 번에 열 가지를 고치는 것은 기대하기 힘듭니다. 결국 부모 입장에서 힘을 주고 빼는 완급 조절의 타이밍을 알고 있어야 아이와의 밀당이 수월해집니다.

참고로 ADHD 아이들은 사안이 뭐가 됐든 부모의 에너지를 배 이상 들어가게 만듭니다. 아이와 실랑이하다 지친다고 하소연하시는 부모님께 드리는 조언이 있어요. 일주일이면 일주일, 하루면 하루 동안 아이의 일정을 기록해 보시게 합니다. 쭉 적어 놓고 우선순위를 매긴 뒤 부모님 스스로 판단해 보시는 거예요.

아이의 일정 기록표

오늘의 일정	아이와 놀이터에 가기
엄마의 전략	옷은 아이가 원하는 대로 입게 해주기(힘 빼기) 1시간만 놀이터에서 놀자고 하기(힘주기)

여기서 아이가 원하는 대로 옷을 선택하게끔 해주는 것은 엄마가 힘을 빼는 항목이고, 놀이터에서 1시간만 노는 것은 엄마가 힘을 줘서 아이에게 얻어내는 항목입니다. 이렇게 중요한 일

정을 시작하기 전에 정리해 두면 아이와의 불필요한 전쟁을 피할 수 있습니다.

적절한 보상 원칙, 아이가 느끼는 신뢰감으로 이어집니다

다음으로는 부모님이 적절한 보상 규칙을 정하는 겁니다. "아이가 80퍼센트라도 변화를 보일 경우 원하는 바를 들어주겠다"라든가 "완전히 수행했을 때에만 보상을 주겠다"라는 식으로 규칙을 정하는 거예요. 이게 없으면 일관성 있게 아이를 대하기가 힘듭니다. '이번에는 해줘야 하나, 말아야 하나?'처럼 그때그때 기준을 다르게 적용하면 아이는 더 이상 엄마를 신뢰하지 못합니다. 어릴 때야 부모 말에 따르지만, 초등학교 3학년만 돼도 아이들은 다 압니다. 우리 엄마 아빠가 이랬다저랬다 하는 신뢰할 수 없는 사람이라는 것을 말이지요. 아이와의 신뢰는 거창하고 대단한 일에서 얻어지는 것이 아니라, 이런 자잘한 일들이 차곡차곡 쌓여서 만들어지는 겁니다.

한 가지 더 덧붙이면 아이가 아직 초등학교 입학 전이거나 저학년이라면 살짝 봐주는 요령이 필요합니다. 어머님들 중에서 세 번 만에 아이의 버릇을 고치겠다고 벼르는 분들이 있습니다. 하지만 아이가 목표에 근접했다 싶으면 그 정도로도 충분합니다. 만약 아이가 약속한 것의 90퍼센트에 달하는 노력을 했는데도 "너 약속한 시간보다 5분이나 더 했네. 엄마랑 한 약속 취소야!"라며 말을 바꾸는 것은 매우 좋지 않습니다. 그 5분이 대세를 바꿀 정도로 긴 시간은 아니잖아요? 그럼에도 그 5분을 이유로 보상을 취소하면 단숨에 신뢰감이 무너집니다. ADHD 아이들의 경우 부모의 이런 태도에 굉장히 격렬한 반응을 보일 수 있습니다.

아이가 이번 약속을 완벽하게 수행했는지 아닌지에 집중하지 말고, 보다 시야를 넓혀 아이가 부모와의 약속을 얼마나 믿고 따르는지 생각해 주세요. 일관성 있는 부모의 말과 행동이야말로 ADHD 자녀가 부모에게 느끼는 신뢰감을 더욱 두텁게 만듭니다.

인내심 부족한 ADHD 아이를 위한 보상 원칙

아이에게 물질적으로 보상해도 괜찮을까요

앞에서 일관성 있는 보상 원칙에 대해 말씀드렸습니다. 이번에는 실생활에서 적용할 수 있는 보상 방법을 알아볼 텐데요. 그중에서도 많은 부모님이 궁금해하는 보상의 끝판왕, '토큰 법칙'을 살펴보려고 합니다. 토큰 법칙은 바람직한 행동을 했을 때 일종의 토큰을 지급해서 보상 또는 특권으로 바꿀 수 있게 하는 것을 말합니다. 보상 방식으로는 좋아하는 음식이나 장난감을 주는 것(물질적 강화), 게임하기·미디어 보기·놀이동산 가기 등의 활동을 허락해 주는 것(활동적 강화), 안아주기·칭찬하기(사회적 강화) 등으로 나눌 수 있습니다. 아이의 어떤 나쁜 행동을 교정하는 것을 목표로 삼는다면 아이가 그 행동을 고칠 때마다 쿠폰 또는 칩을 줍니다. 그런 다음 아이가 이 칩을 일정 개수나 금액만큼 모으면 원하는 것을 들어주는 보상 전략이지요.

토큰 법칙은 빠르고 편리하게 아이의 습관을 고칠 수 있어 자주 사용되는 방법이지만, 상당수 부모님들이 보상과 돈을 결합했다가 부작용이 생기지는 않을까 걱정을 내비치시곤 합니다. 하지만 이 방법으로만 훈육하는 게 아니라면 괜찮습니다. 부루마블 게임처럼 토큰 법칙도 하나의 가족 놀이가 될 수 있거든요. 온 식구가 모여 우리 집에서만 사용할 수 있는 가족 화폐를 만들

토큰 법칙의 예

행동	보상 단위
신발 정리하기	200원
옷 제대로 벗어서 걸어놓기	300원
학습지 한 페이지 풀기	500원
컴퓨터는 한 번에 1시간만 하기	300원
형제자매끼리 싸우지 않기	500원
먼저 화해의 손 내밀기	500원
엄마가(아빠가) 가장 싫어하는 ~을 하지 않기	500원

어 보는 것도 의미 있습니다. 아니면 어떤 착한 행동을 시도하거나 반대로 나쁜 행동을 그만뒀을 때 여기에 얼마의 가격을 매길 것인지 협의하는 것도 좋은 방법이 될 수 있습니다.

인내심이 적은 ADHD 아이, 하루나 반나절 단위가 좋습니다

앞서 말씀드렸듯이 보상 전략으로 토큰 법칙만 사용하는 것은 적절하지 않습니다. 아이 머릿속에 돈이 따라 와야만 부모님이 바라는 것을 실행하는 것이 조건화될 경우, 다른 방법으로는 아이를 훈육할 수 없기 때문입니다. 따라서 토큰 법칙은 여러 보상 형태 중 하나로 활용하시면 됩니다. 아이가 평소에 가보고 싶은 곳이 있으면 같이 가보기, 반려동물을 키우게 해주기, 반대로 아이가 하고 싶어 하지 않는 것을 면제해 주기, 주말은 아이 마음대로 하게 해주기, 늦잠을 자도 잔소리 안 하기 등 물질적 보상이 아닌 다른 형태의 보상이 있을 수 있습니다. 이것을 발굴해 아이에게 제시하는 것도 훈육의 묘미입니다.

보상 형태 못지않게 중요한 것이 보상을 제공하는 시점입니다. 기본적으로 ADHD 아이들은 기다리는 일을 그 무엇보다 싫어하는 만큼, 간격을 짧게 두고 보상을 주는 것이 중요하거든요. 이 아이들 입장에서는 갈 길이 너무 멀다고 느끼면 의욕을 잃으면서 신경질적으로 반응하기 시작합니다.

예를 들면 용돈만큼 자주 동원되는 보상이 놀이공원 가기입니다. 어머님들이 "일주일 동안 옷을 제자리에 벗어 놓으면 이번 주말에 놀이공원에 데리고 갈게"라는 식으로 제안하시곤 합니다. 그런데 이는 ADHD 아이에게는 난이도가 높은 요구입니다. 아이 입장에서는 "오늘이 월요일이잖아? 그런데 일주일이나 기다려야 하는 거야?"라며 울거나 떼를 쓸 가능성이 높아요. 따라서 놀이공원 대신 소소하게 집 앞 키즈 카페에 가더라도 반나절이나 하루 후에 보상을 주는 편이 훨씬 효과적입니다. ADHD를 겪는 아이들에게는 '무엇을 보상으로 줄지'보다 '얼마의 간격으로 끊어서 줄지'가 훨씬 중요하다는 것을 기억해 주세요.

보상 간격에 대한 대략적인 가이드를 제시하면 이렇습니다. 아이가 초등학교 1학년 이하일 경우에는 하루나 이틀 단위로 끊어서 보상을 주고 가급적 3일 이상 넘기지 않는 편이 좋습니다. 어른 입장에서도 "3일 후에 보상해 줄게"라고 하면 참기가 쉽지 않습니다. 하물며 아이들은 어떨까요.

만약 아이가 초등학교 고학년이라면 일주일 단위로 간격을 주는 편이 좋습니다. 다만 이 아이가 ADHD를 겪고 있다는 사실을 잊으면 안 됩니다. 월요일에 시작했다면 수요일이나 목요일 쯤에는 보상을 주는 것도 괜찮습니다. 아마 ADHD 아이라면 몰아서 한꺼번에 보상을 받기보다는 중간에 보상받기를 원할 겁니다. 여기서 가장 중요한 것은 보상 간격이 어떻든 보상을 주기로 했다면 반드시 약속을 지켜야 한다는 사실이겠지요.

아이의 자존감을 키워주는
내적보상의 힘

한편 보상의 형태를 처음에는 외적보상에서 시작해서 점차 내적보상으로 바꾸는 것 또한 중요합니다. 돈이나 스마트폰, 아이패드, 놀이공원 가기 같은 눈에 보이는 외적보상은 휘발성이 강한 반면, 내적보상은 아이 안에 차곡차곡 쌓여 외부에서 어떤 시련이 와도 자신을 굳건히 지켜낼 수 있도록 도와줍니다. 외적보상과는 차원이 다르게 아이의 성장에 기여할 수 있어요.

말이야 쉽지 막상 내적 보상을 시도하려고 하면 어려운 것이 사실입니다. 외적보상은 용돈만 주면 끝이지만, 이에 상응하는 내적보상을 설계하고 그 맛을 아이가 느낄 수 있게 이끌려면 부모 입장에서는 꽤 많은 공을 들여야 하니 말이지요. 그럼 내적보상은 어떤 식으로 이뤄질까요?

여덟 살 하연이는 다섯 살 남동생과 엘리베이터만 타면 전쟁을 벌입니다. 서로 자기가 층수 버튼과 닫힘 버튼을 누르겠다고 옥신각신 다투는 거지요. 그런데 어느 날, 진료실에 온 하연이 눈빛이 그날따라 유독 반짝반짝 빛이 나는 것을 보고 물었습니다.

"하연아, 혹시 무슨 기분 좋은 일 있어? 선생님에게도 말해줄 수 있을까?"

그러자 아이는 신이 나서 입을 열었습니다. 얼마 전 학원에 가기 위해 엘리베이터를 탔는데 3층에서 할머니 한 분이 강아지와 타려고 기다리고 계셨다고 해요. 그런데 1층부터 같이 타고 온 어떤 언니가 스마트폰만 보느라 할머니를 못 보고 닫힘 버튼을 눌러서 할머니와 강아지가 타지 못한 거예요. 이 일이 강아지를 매우 좋아하는 아이에게는 충격으로 다가왔습니다. 자신도 맨날 닫힘 버튼을 누르겠다고 동생과 싸웠는데, 그렇게 하면 강아지가 엘리베이터에 못 탈 수 있다는 것을 목격했으니까요.

하연이는 그때부터 닫힘 버튼을 누르지 않겠다고 다짐했고, 이걸 수업 시간에 발표했다가 칭찬 스티커를 받았다며 자랑했지요. 아이를 크게 칭찬해 주고 나서 어머님과 면담할 때 이 일에 대해 물었습니다. 그런데 하연이 어머님의 반응은 제 예상과 달랐습니다.

"그 이야기를 백 번도 넘게 들었어요. 그 일이 있고 나서 남동생에게 닫힘 버튼 누르지 말라고 싸우는 통에 엘리베이터만 타면 조용할 날이 없어요."

저는 어머님의 대수롭지 않다는 듯한 반응이 조금 아쉬웠습니다. 사실 엘리베이터에 타서 닫힘 버튼을 누르지 않고 문이 저절로 닫히기까지 기다리는 일은 어른도 해내기 힘듭니다. 하물며 ADHD 진단을 받은 하연이 입장에서는 보통의 다짐으로는 할 수 없는 일을 해낸 셈입니다. 부모님께서 이 일을 웃어넘기고 말 것이 아니라 잘했다고 칭찬하고 격려해 주셨으면 좋았을 텐데 하는 생각이 들었습니다.

주변 어른의 진심 어린 호응과 칭찬, 세리머니가 있으면 아이는 '내적보상'을 기쁜 마음으로 쌓아갈 수 있습니다. 그러면 설령 ADHD 증상으로 인해 자존감이 떨어지더라도 차곡차곡 쌓인 자신감으로 자신의 상황을 뚫고 나아갈 수 있습니다. 엄마랑 껴안고 자기, 일주일 동안 칭찬만 해주기, 아빠가 몸으로 놀아주기, 가족 캠핑 가기 등 평소 아이가 원했거나 좋아하는 활동 경험을 보상으로 제시하며 아이가 내적보상의 즐거움을 충분히 맛볼 수 있도록 도와주세요. 우리 아이의 달라진 모습을 보실 수 있으실 겁니다.

부모는 엄격한데
아이는 충동적일 때

공중도덕을 잘 지키고 예의도 바른 아이, 반면에 예의가 없고 질서도 안 지키는 아이에 대한 판단은 누가 내릴까요? 대부분은 부모님의 주관적 기준에 의해 판단될 거예요. 저는 부모님들의 판단이 반은 맞고 반은 틀렸다고 생각합니다. 누가 봐도 아이가 잘못했다고 말할 수 있는 문제 행동이 있는 반면, 또래 아이라면 누구나 피울 수 있는 수준의 말썽인 경우도 많습니다. 그런데 충동성을 조절하지 못하고 이로 인해 눈총을 많이 받았던 ADHD 자녀를 둔 부모님들은 특히 공중도덕이나 에티켓과 관련해 민감하게 반응하는 분들이 많습니다.

ADHD 아이들이 처음에 저를 만나러 오잖아요? 그러면 해외

순방에 나선 대통령보다 더 분주하게 진료실 순방에 나섭니다. 아이들 입장에서는 이것저것 신기한 것이 너무도 많거든요. 저를 비롯한 의료진들은 아이들의 이런 호기심을 하도 많이 겪다 보니, 위험한 것들은 서랍에 넣거나 아이들이 다치지 않도록 주변을 정돈해 놓곤 합니다.

준우 역시 저를 처음 만났는데도 낯도 가리지 않고 말도 많고 호기심도 많은 아이였어요. 금세 제 옆으로 오더니 형형색색으로 된 포스트잇이 신기했는지 달라고 했지요. 저는 대수롭지 않게 여기며 장난 섞인 말투로 "안 돼, 이거 선생님 거야"라고 말했습니다. 그런데 준우 어머님의 얼굴이 사색이 되더니 아이를 빛의 속도로 본인 자리로 데려가셨습니다.

"애가 버릇없이 굴어서 죄송해요, 선생님. 아무리 애라도 이러면 안 되죠."

"저는 괜찮습니다. 준우는 여기가 처음이라 신기해서 그럴 거예요."

진료실에서 어머님이 아이를 대하는 태도를 보면 아이의 ADHD 진척 정도를 알 수 있습니다. 아이가 병원을 헤집고 다녀도 제지는 하지만 크게 반응하지 않는 부모님이 있는가 하면, 준우 어머님처럼 화들짝 놀라는 분들도 있거든요. 깜짝 놀라는 부모님들께 대부분의 ADHD 아이들이 이렇다는 말씀을 드리면 "저희 아이만 이런 게 아니군요!"라며 한시름 놓으시곤 합니다.

그런데 준우 어머님의 경우, 이렇게 말씀드려도 표정 변화가 거의 없었습니다. 면담하는 내내 민폐, 예의, 약속이라는 단어를 자주 말씀하셨는데 이를 통해 어머님이 '초자아Superego'가 강한 분임을 알 수 있었습니다. 초자아는 우리가 원시적인 욕구나 본능을 억제하고 도덕적 양심에 따라 행동하도록 이끄는 판사 역할을 수행합니다. 초자아가 강하면 준법정신이 강하고 남들에게 신뢰를 주기도 하지만, 반면에 융통성이 부족한 사람으로 비치기도 합니다. 준우는 누가 봐도 아직 어린아이고, 더욱이 충동적으로 행동하는 ADHD를 겪고 있는 만큼 소란을 피울 수도 있는데 어머님이 이를 용인하지 않는 모습에서도 알 수 있어요.

여기서 문제가 되는 것은 준우 어머님처럼 초자아가 강한 사람과 상극인 유형이 자기 욕구가 강한 '이드Id형'이라는 사실이에요. 이드가 강한 사람은 먹고 싶은 것이 있으면 기어이 먹어야 하고, 갖고 싶은 것이 있으면 가져야 합니다. 준우를 비롯해 상당수의 ADHD 아이들이 이 유형에 해당합니다. 만약 준우네처럼 부모와 아이의 기질이 정반대일 경우, 일상생활에서 충돌이 더욱 빈번합니다.

아이가 왜곡된 자기 인식을 갖지 않도록

이제 막 ADHD 치료를 시작한 아이에게 예의 바르고 질서 있는 모습을 기대하는 것은 욕심입니다. 도덕관이 투철하고 엄격한 부모일수록 자녀가 남들 앞에서 조금만 예의에 어긋난 행동을 해도 화들짝 놀라거나 크게 나무라곤 합니다. 문제는 이런 일이 잦으면 아이의 자존감이 바닥을 친다는 것이지요. 이 경험이 반복되면 아이는 계속해서 '나는 잘못만 저지르고 혼나는 사람'이라는 왜곡된 자기 인식을 할 수 있습니다. 누가 뭐라고 하지 않아도 자기검열이 엄격한 사람으로 자랍니다.

더욱이 ADHD 아이는 자기 의지로는 조절이 어렵습니다. 어릴 때는 뭣도 모르고 말썽을 피우고 여러 문제 행동을 보이지만, 치료를 진행할수록 좋아지면서 과거 자신의 모습을 몹시 자책합니다. 학년이 올라갈수록 자의식도 성장하기 마련인데 '자기조절을 못 했던 나', '그래서 늘 남에게 죄송하다고 고개를 조아렸던 엄마'에 대한 기억이 남아 있는 겁니다. 이로 인해 아이가 좌절감이나 자책감을 느끼는 경우도 있고요.

따라서 아이가 상처받지 않도록, 또 ADHD 증상이 호전됐을 때 자신의 과거를 잘 바라보고 건강한 자존감을 가질 수 있도록 부모님께서도 멀리 내다보고 아이를 대하셔야 합니다. 정리하면 이렇게 두 가지를 당부하고 싶습니다.

첫째, 아이가 보이는 과잉행동, 민폐 행동은 '아이의 의지'와 무관함을 명확히 인지해 주세요. 이것은 '미성숙한 전두엽이 벌인 일'입니다.

둘째, 엄격한 도덕적 잣대는 부모님의 관심사이자 책임입니다. 이를 아이에게 전가하지 말아주세요. '부모님이 가진 문제 따로, 아이가 가진 문제 따로'라고 구분 지어 생각해 주세요.

아이 눈높이에 맞는 기준이 필요합니다

부모님이 이해하는 수준에서 사회적 관념에 맞는 규칙을 적용하기보다는 아이의 눈높이에서 가능한 수준을 설정해야 합니다. 이를 위해 아이의 수준을 객관적인 방법으로 확인하고 그때 발견되는 부족한 부분을 채워주면 됩니다. 부모님 스스로가 유난히 도덕관념에 민감하다고 생각하신다면 사회성숙도검사 Social Maturity Scale를 통해 현재 아이의 나이에 요구되는 사회화의 정도를 확인해 보는 것도 좋은 방법입니다.

사회성숙도검사는 아이가 평소에 생활하는 모습을 보고 사회성숙도를 가늠해 나가는 방식의 검사로, ADHD 진단에 필요

사회성숙도검사 항목

연령	요구되는 행동
5~6세	차례나 규칙을 인지한다.
6~7세	자전거 타기, 학교 놀이, 병원놀이 등 규칙이 없이도 협동적인 집단 놀이가 가능하다.
7~8세	동네에서 친구와 마음 편하게 놀 수 있다.
8~9세	책상 치우기 등 간단한 집안일 돕기가 가능하다.
10~11세	옷 입기나 머리 정돈 등 몸치장을 단정히 한다.

출처) 김승국, 김옥기, 『사회성숙도검사』, 중앙적성출판사, 1985.

한 풀배터리 검사의 한 종류입니다. 내 아이가 얼마만큼 사회 구성원으로서 적절하게 행동하고 있는지를 판단하는 지표인 만큼 '훈육의 객관적인 기준'을 세우는 데 참고하시기 바랍니다.

어른 알기를
우습게 아는 아이라면 이렇게

민형이는 진료실에 들어오는 자세부터 남달랐던 아이였습니다. 첫 방문이었는데도 의자에 드러누웠지요. 저랑 대화를 나눌 때 존칭어도 생략했고요.

"민형아, 우리 검사받으러 나갔다 올까?"

"그거 하면 뭐 해줄 건데? 안 해. 싫어."

"싫으면 민형이는 뭐 하고 싶어?"

"그냥 집에 갈래. 재미없어."

계속해서 이런 식의 대화가 이뤄졌습니다. 검사를 받을 때도 민형이의 문제 행동은 고스란히 드러났습니다. 대부분의 아이들이 40~50분 정도 이어지는 검사를 힘들어합니다. 블록도 맞취야지, 그림을 보며 연상도 해야지, 질문에 대답도 해야지 여간 귀찮은 일이 아니에요.

민형이 역시 힘들어했습니다. 수학 문제를 풀게 하자 민형이는 "나 안 해!"라고 소리치며 밖으로 나가려고 했습니다. 그런데 검사를 진행하는 임상심리사 선생님이 "나가면 안 돼"라고 단호하게 말하며 아이의 어깨를 잡고 제지하자, 놀랍게도 민형이가 한풀 꺾이는 모습을 보였습니다. '이 어른은 내가 이길 수 없겠네'라는 것을 아이도 깨달은 것이지요.

어른 알기를 우습게 아는 아이,
꼭 ADHD 때문은 아닐 수도 있습니다

앞서 ADHD는 진단과 치료가 빠를수록 좋다고 말씀드렸습니다. ADHD를 방치할 경우 그 자체로도 일상생활과 학습에 문제가 생기기도 할뿐더러, ADHD와 공존하는 문제 행동으로 '적대적 반항장애Opposition Defiant Disorder, ODD'가 나타날 수 있기 때문입니다.

적대적 반항장애란 부모를 포함한 권위 있는 대상에게 반항적인 태도와 행동을 지속적으로 보이는 것을 의미합니다. 적대적 반항장애를 지닌 아이들은 쉽게 말해 어른 알기를 우습게 알며 상대의 약점을 쥐고 자기가 하고 싶은 대로 휘두르는 모습을 보이기도 합니다. 하는 말마다 "왜", "싫어", "짜증 나"라고 일관하는 등 자신의 욕구를 들어주지 않는 사람에게는 거침없이 적대적인 행동을 하지요.

물론 사춘기에 접어들면 아이들은 누구에게라도 반항적인 태도를 보입니다. 이런 모습 없이 성장하는 것도 바람직하다고 보기는 어렵지요. 하지만 적대적 반항장애는 사춘기가 아닌 때에도 문제적 행동을 드러낸다는 점에서 시기가 얼추 정해져 있는 사춘기의 반항과는 차이가 있습니다.

특히 ADHD와 적대적 반항장애가 결합하면 ADHD만 있는 경우보다 치료가 복잡해진다는 점이 문제입니다. 안 그래도 충동성이 과하고 주의력이 부족한 아이에게 적대적 반항장애까지 나타나면 그 증상이 매우 심해질 수 있거든요. 따라서 ADHD로 진단받은 자녀가 어느 순간부터 반항기가 심해져 통제가 힘들어진다면, 'ADHD라서 그렇겠지'라고 생각해 넘기지 말고 적대적 반항장애에 대해서도 문제의식을 가지셔야 합니다.

적대적 반항장애,
빠르고 단호한 조치가 필요합니다

저는 적대적 반항장애를 '따뜻한 손이 필요한 질환'이라고 설명하곤 합니다. 거침없이 행동하고 어른을 마음대로 주무르려고 하지만, 그렇기 때문에 더더욱 따뜻한 손이 필요한 것이지요.

특히 민형이처럼 ADHD와 적대적 반항장애가 같이 있는 경우라면 일찌감치 조치를 취해야 합니다. 적대적 반항장애의 특징으로 '연속성'을 들 수 있습니다. 한 번으로 끝나지 않고 계속해서 문제 행동을 보인다는 뜻입니다. 이런 상황에서 아이의 행동을 내버려 두면 점점 손쓰기 어려운 단계로 나아갈 수 있지요. 예를 들면 선생님께 말로만이 아니라 몸으로 대들다가 학교폭력대책위원회가 열리는 일을 불러올 수 있습니다.

이럴 때는 ADHD 증상부터 완화하는 것이 좋습니다. 충동성과 과잉행동을 잡아주면 적대적 반항장애도 일정 부분 사라지기 때문입니다. 만약 아이가 ADHD인데 타인의 권리를 침해하고 폭력성이 두드러지는 등 반사회적행동이 동반되는 품행장애 Conduct Disorder로 발전되면 약물 처방이 필요할 수도 있습니다. 우리나라 식품의약품안전처는 만 6세 이상인 어린이에게만 정신과 약물을 처방할 수 있도록 방침을 세워두고 있습니다. 이 말

분노와 과민 반응	· 자주 욱하고 화를 냄. · 자주 과민하고 쉽게 짜증을 냄. · 크게 분개하고 억울해함.
반항적 행동	· 아동이나 청소년의 경우 어른과 논쟁이 잦음. · 자주, 적극적으로 권위자의 요구나 규칙을 무시하거 나 거부함. · 의도적으로 타인을 귀찮게 하는 일이 잦음. · 자신의 실수나 잘못된 행동을 남의 탓으로 돌리는 경 우가 많음.
보복적 특성	· 지난 6개월 안에 적어도 두 차례 이상 악의에 차 있거 나 누군가에게 앙심을 품음.

* 위의 행동 패턴이 6개월 이상 지속되고, 적어도 네 가지 이상의 증상이 존재하면 적대적 반항
장애를 의심할 수 있습니다. 이러한 증상은 가족이 아닌 적어도 한 명 이상의 타인과 대화하
고 어울리는 과정에서 나타나야 한다는 사실을 참고하세요.

은 만 6세 미만 아이에게 약을 처방하면 국민건강보험이 적용되
지 않아 비급여로 처방을 받아야만 한다는 뜻인데, 그럼에도 처
방을 내릴 정도면 상황이 심각하다는 의미입니다.

그러니 아직 사춘기가 되지 않았는데도 자녀의 반항 정도나
빈도가 또래 아이들에 비해 유난히 심하거나 몇 달간 지속된다
면, 기존에 ADHD 진단을 받은 적이 있다면 지나치지 말고 반드
시 전문의와 상담해 보시기 바랍니다.

ADHD 아이에게 꼭 필요한
수면 습관

ADHD로 진단받은 다섯 살 주은이는 밤에 불을 끄면 무섭다며 잠을 거의 안 잡니다. 수면 등이 없으면 잠을 못 잘뿐더러 저녁 9시에 잠에 들어도 새벽 3시면 일어나 어둡다고 울고불고 난리를 쳐요. 그때마다 어머님이 자다 일어나서 아이를 달래고 놀아주느라 체력적으로나 정신적으로 부담이 큰 상황입니다. 이렇게 해서 주은이가 다시 잠들 때까지도 시간이 오래 걸리는데, 아침에는 또 일어나는 게 전쟁이에요. 30분 이상 흔들어 깨워도 아이가 일어나지 못하거든요. 이처럼 ADHD 자녀의 수면 문제를 토로하는 부모님들이 많아 정리할 필요가 있을 것 같습니다.

수면이 뇌에 미치는 영향이 궁금해요

핀란드 헬싱키대학 연구진은 매일 1시간씩 잠이 부족하면 집중력, 기억력 등에 영향을 미칠 수 있다고 보고하고 있습니다. 또 ADHD를 지닌 10대 아이들이 잠을 설친다면 사고능력이 나빠진다는 연구 결과도 있지요. 미국 신시내티 아동 병원 연구진은 ADHD인 10대들을 대상으로 일주일 동안 6.5시간 수면을 취한 그룹과 9.5시간 취한 그룹을 비교했습니다. 그 결과 9.5시간 수면을 취한 그룹이 작업기억, 계획 및 조직, 감정 조절, 결단성 면에서 더 좋은 결과를 얻었습니다.

미국수면학회에서 제안한 소아청소년 나이별 적절한 수면량은 다음과 같습니다. 1~2세는 11~14시간, 3~5세는 10~13시간, 6~12세는 9~12시간, 13~18세는 8~10시간입니다.

왜 ADHD 아동에게는 수면 문제가 흔할까요?

ADHD를 진단받은 아이들의 수면 문제에 있어서 가장 흔하고 문제가 되는 것이 '하루 일주기리듬'의 문제입니다. 하루 일주기리듬은 사람의 뇌가 빛, 온도, 음식 등 외부 자극에 반응하고 생체시계를 작동해 수면과 각성을 조절하는 현상을 말해요. 빛은 수면을 촉진하는 멜라토닌 호르몬의 생성을 중단하라는 신호를 뇌에 전달하면서 수면 주기를 조절합니다. 그런데 교대 근무 등으로 빛 자극이 불규칙적이 되거나 밤중에도 밝은 빛에 노출되는 경우, 장기간 빛에 대한 노출 없이 장시간 낮잠을 자는 경우 수면 주기가 불규칙해지지요. 이런 이유로 인해 잠자리에 드는 시간이 늦어지면 자연적으로 낮에는 졸립니다.

특히 청소년기는 뇌와 호르몬의 변화에 따라 늦게 자고 늦게 일어나는 시기입니다. 그러다 보니 낮에 활동하는 고정적인 패턴과 아이의 하루 일주기리듬이 맞지 않아 각성도가 떨어지고, 이로 인해 머리를 써야 하는 고도의 집중력 및 실행 기능이 저하됩니다.

아이의 수면을 위해, 이것은 하지 말아주세요!

· 낮잠

낮잠은 밤에 깊이 잠드는 것을 방해하고 낮과 밤의 리듬을 깨뜨립니다.

· **야식**

늦은 시간에 식사를 하면 소화기관이 분주해지면서 수면에 방해가 됩니다. 아이가 야식을 정 먹고 싶어 한다면 주 1회 정도 '야식 데이'를 정해서 먹게 해주세요.

· **카페인 섭취**

콜라, 차, 커피, 에너지 드링크 등에는 카페인이 들어 있습니다. 카페인은 소변으로 빠져나갈 때까지 최대 16시간 동안 몸 안에 남아요. 카페인 음료를 대할 때 가장 좋은 태도는 '몸에서 멀어져야 마음에서도 멀어진다.'라고 생각하는 것입니다. 따라서 집에서라도 가급적 카페인을 접하지 않게 하는 편이 좋습니다. 하지만 현실적으로 전혀 안 마시게 할 수는 없을 거예요. 어느 정도 허용한다면 차라리 낱개로 사 먹게 하세요. 간혹 보면 부모님이 좋아해 냉장고나 팬트리에 한 박스씩 사두고 수시로 음료수를 마시는 집이 있는데 이것이 습관이 될 수 있거든요. 특히 10대 청소년이 있는 집이라면 더더욱 주의해야 합니다. 요즘 아이들은 편의점에서 에너지 드링크를 자주 소비하기 때문에 집에서라도 되도록 노출시키지 말아야 합니다.

· **잠들기 2시간 전 스마트기기 사용**

잠들기 전 스마트폰이나 미디어 기기를 사용하면 수면에 방
해를 받습니다. 특별히 화려한 영상을 봐서가 아니라 TV나
스마트기기가 환하게 내뿜는 블루 라이트가 수면 주기를 방해
하거든요. 이는 어른도 알아두고 실천하면 좋은 내용입니다.

아이의 수면을 위해 이것만은 지켜주세요!

· **규칙적인 수면 시간 설정하기**

대체로 아침에 일어난 후 17시간 정도 지나야 다시 잠이 옵니
다. 따라서 제시간에 자는 것보다 더 중요한 건 아침에 정해
진 시간에 일어나는 것입니다. 빨리 잠자리에 들고 싶어도 잠
이 드는 시간은 쉽게 바뀌지 않기 때문에, 규칙적인 수면을
위해서는 일어나는 시간이 관건인 것이지요. 또 뇌의 수면 주
기가 규칙적인 리듬을 찾아갈 수 있도록 평일과 주말에 일어
나는 시간도 가급적 비슷하게 맞추는 것이 좋습니다.

· **아침에 햇빛 보기, 매일 운동하기**

아침에 눈으로 햇빛이 들어오면 뇌에서는 수면 호르몬인 멜

라토닌을 억제하기 시작합니다. 또 세로토닌이나 도파민처럼 각성에 관여하는 물질이 활성화되지요. 따라서 아침에는 빛을 보는 것이 중요하므로 실외에서 가볍게 할 수 있는 조깅, 산책, 자전거 타기 등의 운동을 하면 잠을 깨는 데 도움이 됩니다.

· 잠자기 30분 전에는 침대에 들어가기

건강한 사람이라면 낮 시간 동안 다양한 자극에 접했던 몸과 뇌에 휴식의 신호를 주고 잠이 들기까지 최소 15분에서 30분이 걸립니다. 따라서 잠자기 30분 전에는 스마트폰을 손에서 놓고 TV도 끄는 등 뇌를 잠에 들게끔 준비시키는 것이 좋습니다.

· 편안한 수면 환경 만들기

ADHD 아이들은 특히 자극에 예민합니다. 시끄러운 음악, 밝은 빛, 자극적 환경을 줄이고 무게감 있는 이불도 가벼운 것으로 바꿔주세요. 잠자리에 들기 전 부모님과 함께 책을 읽거나 편안한 음악을 들으며 잠자리에 들 준비를 하는 것도 좋은 방법입니다.

PART 4

사회성

ADHD
아이의 ————

서투른 사회성
키우기

사회성 발달,
중요한 건 아이의 '성향'입니다

대부분의 부모님들은 자녀가 친구들과 잘 지내는 모습을 보면 '다행이다'라는 생각을 가장 먼저 하실 것 같습니다. 아이의 공부만큼이나 부모님들의 주요 관심사는 사회성입니다. 그래서인지 ADHD 자녀를 둔 부모님들 중에는 사회성에 집중하는 분들도 종종 볼 수 있습니다.

혼자 노는 게 편한 아이 vs 못마땅한 엄마

초등학교 4학년인 지예는 1학년 때 조용한 ADHD 진단을 받앗습니다. 오랜 시간 집중을 못 해 대화하는 중간에 멍한 모습을 보이곤 했습니다. 말이나 행동도 한 박자 늦다 보니 어린 시절부터 친구들과 어울리는 것을 힘들어했습니다. 조용한 ADHD 아이의 수순을 그대로 밟아온 느낌이었지요.

"선생님, 사회성이 좋아지는 처방이 있으면 지예한테 전부 다 해주세요. 저는 ADHD 증상만이 아니라 사회성을 고치려고 대학병원까지 데리고 온 거예요."

보통 저를 찾아오시는 어머님들의 최대 관심사가 ADHD 완치나 학업 성취도인 데 비해 특이하게도 지예 어머님은 오직 사회성에만 초점을 맞추셨습니다. 어머님 이야기만 들을 때는 '아, 지예에게 사회성 문제가 있나 보구나' 하는 생각이 들었습니다. 그런데 막상 아이와 이야기를 나눠보니 제 예상과는 전혀 달랐습니다.

"저는요, 사실 혼자 노는 게 편해요. 그런데 엄마가 안 좋아하니까 일주일에 한 번은 친구들이랑 떡볶이는 먹고 와요."

정작 아이는 스스로 괜찮아하고 친구들과도 별문제가 없는데 어머님만 친구에 대한 집착이 큰 상황이었던 겁니다. 저는 그런 어머님에게 물었습니다.

"어머님, 지예가 학교 끝나고 집에 곧장 오면 걱정이 되세요?"

"이왕이면 여러 친구들과 놀다 오거나 애들을 집에 데리고 오면 좋잖아요."

"제가 보니 지예는 자기 속도대로 잘하고 있어요. 친구는 한 두 명하고만 잘 지내도 괜찮지 않나요?"

"왜 한두 명하고만 친하게 지내요?"

"지예가 그걸 편하게 생각하는 것 같아요."

"선생님, 얘가 말만 저렇게 하는 거예요. 속마음은 저와 다르지 않을 거예요."

제가 앞에서 '방어기제'에 대해 말씀드렸지요. 방어기제 중에 투사가 있는데 내 안의 문제를 남의 탓으로 돌리는 것을 가리키는 말입니다. ADHD 아이들이 잘못을 저질러 놓고 "동생 탓이야", "아빠 때문이야"라며 책임을 떠넘기는 말을 하는데 이것이 전형적인 투사입니다. 지예 어머님의 경우, 내향적인 아이의 성향을 어느 정도는 알고 있지만, 본인의 바람이 크다 보니 딸에게도 관계에 대한 강렬한 욕구가 있을 거라고 여기는 눈치였어요. 알고 보니 어머님 자신이 사람들과의 관계에서 어려움을 겪어서 그 경험이 딸에게 투사됐던 것입니다.

아이의 성향과 욕구를
가장 먼저 파악해 주세요

자녀가 ADHD 진단을 받았다면 아이에게 관계에 대한 욕구가 있는지, 그 정도가 얼마만큼인지를 살펴야 합니다. 단, 엄마의 자의적인 해석이나 바람이 아닌 아이의 의견과 성향이 100퍼센트 반영된 것이어야 하겠지요. 친구와 잘 지내고 싶은데 ADHD 증상 때문에 그렇게 못하는 것과 지예처럼 아이에게 그런 욕구가 적은 것은 전혀 다릅니다.

만약 아이가 혼자 있는 것을 좋아한다면 그 시간을 존중해 주셔야 합니다. 이런 아이는 혼자 있을 때 에너지가 충전되는 내향형일 가능성이 높거든요. 내향형인 아이들은 누구와 같이 있으면 에너지가 방전되는 느낌을 받기 쉽습니다. 특히 초등학교 4학년부터는 학습에 많은 에너지를 쏟아야 할 시기잖아요? 이럴 때는 "아이의 체력과 정신력이라는 에너지를 어디에 우선해서 배분해야 할까?"라는 거시적인 질문을 기준으로 판단하는 것이 좋습니다.

또 하나, 부모님들이 사회성과 관련해 잘못 알고 계시는 부분이 있습니다. 부모님들이 10대 시절에 알게 모르게 요구받고 주입받은 사회성과 요즘 아이들에게 요구되는 사회성의 개념은 많이 다릅니다. 친구가 많아야만 사회성이 뛰어난 것은 아니에요. '사회 지능Social Intelligence'이라는 개념이 있습니다. 타인의 감정과 입장을 이해하고 관계 안에서 적절하게 말하고 행동할 줄 알며, 사회적 단서를 다루는 능력을 가리킵니다.

그런데 이 사회 지능이 주변에 친구가 많고 활발해야만 높아지는 것은 아닙니다. 오히려 아이 스스로 감당할 수 있는 인간관계 안에서 자연스럽게 익힐 수 있습니다. 우리가 타인의 감정과 입장을 이해하려면 반드시 집중력을 발휘해야만 합니다. 그러니 친구가 너무 많아서 아이가 감당할 수 있는 것보다 더 많은 에너지를 발휘해야 한다면, 이는 오히려 아이의 주의만 분산시키는 요인이 되기도 합니다.

아이 곁에 아무리 친구가 많아도 친구의 감정을 읽지 못하고 이기적으로 굴어 관계가 끊어진다면, 그래서 자꾸 다른 친구에게로 도망치는 것이 습관이라면 이것이 더 큰 문제가 될 수 있습니다. 그러니 친구의 수에 연연하지 마시고 자녀가 초등학교 고학년이 됐다면 그때부턴 아이의 사회성을 아이에게 맡겨주세요.

내 아이의 친구 관계
속속들이 파악하기

여기서는 조금 현실적인 이야기를 해볼까 합니다. 이 책을 읽으시는 부모님들은 아이들의 사회생활을 얼마나 알고 계신가요? 자녀를 키우고 계신다면, 특히 ADHD 아이를 키운다면 아이들의 세계에 대한 사전 지식이 반드시 있어야 합니다.

요즘 한 학급에 서른 명이 있다고 하면 네다섯 명씩 무리를 이루는 경우가 많습니다. 그러면 6개 정도의 그룹이 만들어질 텐데, 이 중 3개 정도는 아주 빠르게 구성원이 결정됩니다. 초반에 여기에 끼지 못하면 한두 명하고만 친하게 지내든지, 아니면 남은 아이들끼리 그룹을 형성하는 거지요. 이런 무리 짓기 Grouping는 신학기가 되고 2~3주 정도면 끝나는데, 부모님 세대와 비교하면 엄청나게 빨라진 속도입니다.

각 그룹마다 특성이 뚜렷한데요. 일반화할 수는 없지만 두 딸을 키운 엄마로서, 20년 넘게 병원에서 아이들을 만나본 의사로서 저는 이렇게 분석하곤 합니다.

요즘 아이들의 무리 짓기를 아시나요

첫째, '탑 티어Top tier 그룹'이 있습니다. 인기와 평판이 좋아 반 아이들에게 선망을 받는 그룹이지요. 남에게 적당히 싫은 소리도 할 수 있어 만만해 보이지 않습니다. 그런데도 이 아이들은 왕따를 주도하거나 누군가를 험담하는 식의 공격성은 일절 없으며, 오히려 수용적인 태도를 보여 그야말로 다 가진 아이들처럼 보입니다.

둘째, '용두사미 그룹'이에요. 초반에는 주목받는 '인싸(사람들과 잘 어울리는 '인사이더'의 줄임말)'였지만 점차 여론이 뒤집혀서 탑 티어까지 가지 못하는 아이들이에요. 다른 아이를 험담하거나 그룹 내에서 자기들끼리 일종의 세력 다툼을 하는 과정에서 내부 분열이 일어나고, 여기에 반발하는 다른 그룹이 등장하면서 존재감이 점차 미미해집니다.

셋째, '평범한 그룹'이에요. 이 그룹의 아이들은 인기나 친구 관계에 그다지 연연하지 않고 큰 기복 없이 학교생활을 해나갑니다. 탑 티어 그룹과 함께 무난하게 눈에 띄지 않고 학교생활을 할 수 있지만 내세울 만한 특별한 매력이나 정체성이 없다고 생각해서인지 정작 아이들은 이 그룹에 끼기 싫어합니다.

마지막으로 '나머지 그룹'입니다. 좋은 평판보다 안 좋은 평판이 많은 그룹이에요. 안타깝게도 ADHD 아이들이 여기에 포함되는 경우가 많습니다. 아무래도 이 시기 아이들은 겉으로 드러나는 말이나 행동만을 보고 판단하니까요.

초등학교 5학년부터 중학교 3학년까지 아이들은 대체로 이런 식으로 무리를 지어 학교생활을 한다고 보면 됩니다. 당연히 아이들은 탑 티어 그룹을 선망합니다. 자기 성향과는 상관없이 인기 좋은 아이들을 기준으로 삼는 거예요. 대개 어머님들은 자녀의 이런 속내를 알면 "그런 데 신경 쓸 시간에 공부나 해"라고 하시지만, 저는 다르게 봅니다. 이 시기의 아이들은 '있는 그대로의 나'보다 '인기가 많은 나'가 중요하고, '그냥 친구'보다 '선망받는 친구'가 더 중요합니다. 이 감수성을 이해하고 있어야 아이의 투정이나 불만에 수긍이 갑니다.

더구나 부모님 세대야 공부만 웬만큼 잘해도 선망받는 그룹에 들어가기 쉬웠지만 요즘 아이들의 세계는 그렇지 않습니다.

워낙 어릴 때부터 다양한 분야에서 조기교육을 받다 보니 다재다능한 아이들도 많으며 공부보다 외모가 차지하는 비중이 매우 높습니다.

'친구도'를 통해
아이의 반 친구들을 파악해 보세요

ADHD 아이들은 서로의 정체성을 인정하면서 관계를 맺어나가는 것에 매우 취약합니다. 나이를 먹을수록 자신과 '잘 맞는' 사람과 친구가 되잖아요? 그러니 성향이 안 맞으면 안 어울리면 되는데 ADHD 아이들은 계속 함께하려다가 문제가 나타납니다. 이때는 옆에서 부모님이 가이드를 주셔야 합니다.

일단 자녀가 선망하는 그룹의 정체성을 파악해 보세요. 각 그룹마다 지향하는 이미지가 있습니다. 가령 "우리는 얼굴이 좀 예뻐", "센스가 있어서 인기가 많아", "전교에서 알아주는 우등생들이야" 같은 이미지가 하나씩은 있어요. 이처럼 그룹의 정체성을 파악하면 같은 반 친구들의 특성을 알고 대응하기 쉽습니다. 친구들의 성향과 자녀의 기질이 잘 맞아 문제없이 어울릴 수 있을지, 혹은 차이가 있어 어려움이 있는지 등을 예상해 아이에게 도움을 줄 수 있는 것이지요.

다음은 ADHD 아이들 중에서도 어느 정도 성장한 경우 유효한 방법입니다. 저학년은 어려울 수 있으니 참고만 하셔도 좋습니다. 바로 '친구도'를 만들어 보는 것입니다. 친구도는 가계도와 유사한 개념이에요. 반에서 어떤 아이가 인기가 좋은지, 눈에 띄는 행동을 하는 아이가 누군지, 자녀가 껄끄러워하는 친구가 있다면 누구인지 물어보세요. 그렇게 해서 아이에게 들은 친구들 이름을 적어두고 각각의 특성을 부모님이 기억해 주세요.

> **내 아이의 친구도 그리기**
> · 인기가 제일 많은 친구
> · 영향력이 큰 친구
> · 목소리가 크고 주도적인 친구
> · 아이의 옆자리, 앞뒤로 앉은 친구
> · 아이가 불편하게 생각하는 친구
> · 아이가 편하게 생각하는 친구

단, 친구도를 그린 다음 아이에게 조언할 때 주의 사항이 있습니다. 특정한 친구를 비난하거나 "얘랑은 놀지 마", "얘하고만 놀아", "얘가 널 불편하게 생각하지 않아?"처럼 부정적인 반응을 보이지 않아야 합니다. 자녀가 그 아이와 어떻게 관계를 맺으면 좋을지 큰 틀만 제시하는 정도로 조언해 줘도 충분합니다. 몇 가지 예를 들어볼게요.

안전한 짝꿍 만들기

자녀와 성향이 비슷한 친구가 누구인지 묻고 "이들 중 한두 명하고만 친하게 지내도 충분하지 않을까?"라고 조언해 주세요. 친밀한 관계 만들기는 '안전한 내 사람'을 만드는 것에서 시작해야 한다는 것만 알려주면 됩니다.

시간 갖고 지켜보기

아이가 인기 높은 그룹에 끼고 싶어 한다면 이렇게 말해보세요.

"처음에는 인기가 많아서 좋은 것처럼 보이지만, 조금 더 지나면 이 그룹에 대한 아이들의 생각이 달라질 수 있어. 한 달 후에 다시 이야기해 보면 어때?"

그럼에도 아이가 이해하지 못하면 선망하는 그룹의 멤버 한 명을 공략해 보는 겁니다. 집으로 초대해 같이 맛있는 음식을 먹는 것도 좋은 방법입니다. 그룹 전체와 친해지기는 어렵지만 한 명과 친해지는 일은 상대적으로 시도하기 쉬우니까요.

도움이 필요할 때 요청하기

아이들이 어려도 간혹 '정치력'이 있거나 다른 아이를 잘 조종하는 아이가 있습니다. 같은 반에 그런 아이가 있다면 "얘랑은 굳이 부딪쳐서 나쁘게 지낼 필요는 없어. 하지만 만약 이 친구가 널 힘들게 하면 엄마에게 꼭 말해줘."라는 정도로만 말해두세요. 아이들 세계에 어른이 개입하는 것은 그다지 바람직하지 않지만 내 아이가 따돌림의 피해자가 된다면 이야기가 다르거든요. 이때는 부모님이 적극적으로 나서야 합니다.

한편 같은 상황에서도 자신에게 유리하게 말하는 아이가 있습니다. ADHD 아이가 이런 아이의 타깃이 되는 일도 더러 있지요. 상대가 먼저 괴롭히거나 건드렸는데도 ADHD 아이만 억울해지는 겁니다. 이런 일이 일어났을 때 바로 대처하기 위해서라도, ADHD 자녀를 둔 부모님이라면 '친구도'를 통해 반 아이들의 역학 관계를 파악하고 있어야 합니다. 그래야 나중에 자녀와 친구들 간에 문제가 생겼을 때, 각 친구의 특성과 상황에 맞춰 부모님이 적절한 대처 방안을 제시할 수 있습니다.

눈치 없는 ADHD 아이,
관계 맺기가 힘들다면

아이의 학교생활이 궁금하다면
반드시 이 두 가지 질문을

아이들이 초등학교 저학년 때는 집에 와서 학교에서 있었던 일들을 미주알고주알 이야기하지만, 3학년만 돼도 말을 안 하기 시작합니다. 그때 다음 두 가지 질문만 던지면 학교생활과 친구 관계를 어느 정도 파악할 수 있어요.

> "점심시간에 밥은 누구랑 먹어?"
> "체육 시간에 운동장 나가면 스탠드에 누구랑 같이 앉아?"

초등학교 3학년부터는 친구가 굉장히 중요한 존재입니다. 학교생활에서도 친구의 영향력이 크지요. 그런데 조용한 ADHD로 진단받는 아이들, 특히 그중에서도 여자아이가 친구 관계에서 예상치 못한 어려움을 겪는 경우가 많습니다. 이 나이 때 여자아이들 중에는 사춘기가 이미 온 경우도 있어 초등학교 3~4학년만 돼도 특유의 미묘하고 예민한 분위기를 읽어내지 못하면 따돌림을 당하기가 쉽거든요.

조용한 ADHD인 혜정이 역시 주의력결핍에 '눈치'가 빠르지 않았던 것이 발단이었습니다. 혜정이가 속한 무리의 아이들이 BTS 멤버 지민을 좋아하는데, 혜정이는 이것을 알고도 별로 신경 쓰지 않고 지민에 대해 안 좋은 말을 해버린 거예요. 한창 감수성이 예민한 이 나이 소녀들에게 이건 굉장히 중요한 사건입니다.

게다가 차라리 그 자리에서 반박하거나 다투기라도 했으면 쉽게 넘어갔을 텐데, 대체로 무리에서 리더 노릇 하는 여자아이들은 어떻게 품위를 지켜야 하는지 너무나 잘 알아요. 그 자리에선 아무 소리 안 하고 넘어갔지만, 다음 날 혜정이의 작은 실수를 크게 트집 잡으며 따돌리기 시작한 거죠.

아이들의 무리 짓기를 설명할 때도 말씀드렸지만, 요즘 아이들의 사회생활은 굉장히 냉정합니다. 그러니 상황이 이 지경까지 왔다면 아이들 손에만 맡겨서는 안 되고 부모님이 나서야 합니다.

"학교 급식 맛있어? 선생님은 도시락 싸 가지고 다녔거든."

아이들에게 밥은 그냥 밥이 아닙니다. 혼자 밥을 먹으면 그 아이는 '모두의 타깃'이 됩니다. 게다가 아이들은 순수해서 표정과 반응으로 마음 상태가 드러나지요. 날마다 친구들과 수다 떨며 점심을 먹고 있다면 저 질문을 받았을 때 신이 나서 대답해요. 그런데 제 질문에 혜정이는 아무 말 없이 텅 빈 눈동자로 고개를 흔들었습니다. 저는 이것이 아이 혼자 해결할 수 없고 부모님의 도움이 필요하다는 신호라고 판단했습니다.

친구 관계에 미숙할수록
절대로 혼자 두지 마세요

아이가 관계의 미묘함을 이해하지 못한다는 생각이 들면, 학교 밖에서 최대한 미리 경험하고 연습하는 것이 중요합니다. 부모님, 형제자매, 사촌, 어린이집에서 함께 했던 친구 등 다양한 주체와 최대한 어울리며 사회성을 쌓아가는 것이지요. 핵심은 아이를 절대로 혼자 두지 않는 것입니다. 몇 가지 활용할 수 있는 팁을 드리면 다음과 같습니다.

부모님과 다양한 활동을 함께 하기

초등학교 3학년까지는 엄마 아빠가 일정 부분 친구 역할을 대행하는 게 가능합니다. 따라서 부모님을 통해 관계에 대한 기본적인 욕구를 채운 다음 상호작용을 배우며 사회성을 늘려나가는 것도 좋은 방법이에요. 자녀와 서점도 가고, 마트도 가보는 등 다양한 장소를 찾아 여러 활동을 경험하며 이런저런 상황에 노출시켜 주세요.

형제자매와 어울리기

형제자매가 있으면 그 자체만으로도 사회성 발달에 도움이 됩니다. 혜정이는 외동딸이라 친형제자매가 없었지만 다행히 같은 아파트에 비슷한 나이의 사촌이 살아서 놀이공원이나 박물관을 함께 다닐 수 있었습니다.

제3자의 도움받기

과거에 다니던 어린이집 친구, 교회 친구나 동네 또래 아이와 어울리는 것도 도움이 될 수 있어요. 사회성이 서투른 ADHD 아이라면 무슨 방법을 동원해서라도 이 시기에 혼자 있게 해서는 안 됩니다.

하루에 단 10분이라도
아이 말에 '집중'해 주세요

한편 혜정이는 '메아리 소녀'라는 별명을 갖고 있기도 했습니다. 항상 대답이 느리고 마지막에 혼자 대답하는 바람에 붙여진 별명이에요. "대답 좀 늦게 할 수도 있지, 그런 걸 가지고 호들갑이야?"라고 생각하는 분도 있겠지만 이 역시 대수롭지 않게 넘길 일이 아닙니다. 항상 남들과 다른 속도로 뒤늦게 혼자 대답하다 보면 사람들의 시선을 한 몸에 받고 움츠러들기 쉽습니다. 이 상황이 반복된다고 생각해 보세요. 아이는 '내가 뭘 잘못했지?'라면서 자신에게 집중된 시선에 마음을 다칩니다. 다행히 이 문제는 주의력결핍 때문에 그 순간에 집중하지 못해 나타나는 증상으로, 얼마든지 훈련을 통해 개선할 수 있습니다. 혜정이를 상담한 뒤 부모님께 두 가지를 부탁드렸습니다.

먼저 혜정이 자체가 매우 내향적인 아이이니 이런 모습을 사회성 결핍으로 보지 말아달라고 말씀드렸습니다. 다음으로 혜정이가 질문에 집중하는 연습을 하게끔 도와달라고 주문했습니다. 상담 결과 혜정이가 뒤늦게 덩그러니 대답을 내놓는 이유는 주의력 부족으로 인해 넋 놓고 있기 때문이기도 했지만, 집에서 아이의 대답을 귀담아듣는 분위기가 아닌 탓도 있었어요.

부모님들은 하고 싶은 말을 다 하면서 아이는 "네"만 하는 분위기를 만드는 분들이 더러 있습니다. 이렇게 되면 아이가 부모님 말에 집중을 하지 않습니다. 지루하고 재미가 없으니까요. 계속해서 "네"만 하면 되니 딱히 집중해서 들어야 할 이유도 없지요. 혜정이 역시 부모님 말에 집중하지 않아도 상관없었던 습관이 학교에서 재현된 경우였습니다.

이 습관을 고치기 위해 부모님께 아이와의 대화에 온전히 집중하는 '퀄리티 타임'을 부탁드렸습니다. 하루에 단 10분이라도 부모님이 아이와 눈을 마주치며 "엄마 아빠는 너의 생각이 궁금해", "너의 의견은 소중해"를 아이가 직접 느끼게 해달라는 것이었지요. 별거 아닌 것 같지만 이 경험이 쌓이면 아이의 내면에서 '질문도 집중해서 들어야 할 말'이라는 문제의식이 생겨납니다. 또 집중해서 들으니 대답도 제때 나오는 선순환이 만들어지고요.

조용한 ADHD일수록 말과 행동에 크게 티가 나지 않으니 학교생활이 어떤지, 친구 관계는 어떤지 부모님이 모를 수 있습니다. 그러니 반드시 앞에서 언급한 두 가지 질문을 통해 아이의 반응을 살펴보세요. 만약 아이가 친구들의 반응을 살피고 여기에 적절하게 호응하는 것을 어려워한다고 생각되면, 부모님의 도움이 적극적으로 필요하다는 걸 기억해 주세요.

말실수 잦은 ADHD 아이의
언어 자신감 키우기

말에 '필터링'이 없는 아이들

ADHD 아이들이 입을 열었을 때 "눈치만 안 받아도 다행이다"라는 말이 있습니다. 과잉행동형처럼 충동적이고 산만한 행동 때문에 눈총을 받는 경우도 있지만, 말 한마디 때문에 '이상한 아이'라는 인상을 주는 경우가 있거든요.

정기적으로 저를 만나는 ADHD 아이들 중에는 1~2년 정도 못 보다가 오랜만에 보는 경우가 있습니다. 그럼 이 아이들은 다짜고짜 제게 "선생님, 안 본 사이에 많이 늙었네요!"라고 이야기하곤 합니다. 또 예를 들어 아파트에서 엘리베이터를 탔다고 해볼게요. 이때 처음 보는 아주머니 앞에서 "우와, 뚱뚱하다!"라고 거침없이 말하기도 해요. 그야말로 '필터링' 없이 충동적으로 말이 나오는 거지요. 저야 왜 그러는지 이유를 아니까 웃으며 받아치지만 아이의 상황을 잘 모르는 다른 사람들에게는 오해받기 십상입니다.

그만큼 말 때문에 남들의 불편한 시선을 받는 경우가 많습니다. 그러다 보니 안타깝게도 ADHD 아이들은 스스로를 부정하고 바꿔야 한다는 주문을 너무 이른 시기부터 요구받곤 합니다. 자기가 한 말에 대한 부정적인 피드백을 자주 듣다 보니 의사 표현에 확신을 가질 수가 없고 주눅이 들어요. 게다가 성장할수록 행동보다 대화로 풀어야 하는 상황이 많은데, 말하기가 두려우니 대화 자체를 회피하거나 억울한 상황이 와도 자신을 변호하지 못해요.

중학교 3학년인 영훈이는 7살 때 ADHD 진단을 받고 꾸준히 저를 만나고 있는 친구인데요. 어릴 때부터 자기표현도 잘하고 논리에 강해 로봇이나 미니어처 등을 조립하는 데 뛰어난 아이였어요. 그런 아이가 초등학교 4학년이 되자 점점 말수가 줄어들었습니다. 말에 대한 부정적 경험이 쌓이면서 자신이 잘못한 상황을 점점 인지하게 된 것이지요. 이 상황이 반복될 경우, 아이들은 누가 뭐라고 하지도 않았음에도 '내가 또 말을 잘못했어'

라는 생각에 스스로 괴로워합니다.

말하는 것을 두려워한다는 것은 곧 사회성에 빨간불이 켜진다는 뜻이기도 해요. 내가 하는 말에 자신감이 있어야 세상을 신뢰하고 자존감을 쌓아가는 게 가능해지거든요. 즉 말하기에 대한 두려움과 사회성 부족, 그리고 친구 관계의 문제가 톱니바퀴처럼 맞물려 돌아갑니다. 그런데 이맘때 아이들에게 친구가 얼마나 중요한가요. 결과적으로 소통이 어려워지면 사춘기에 접어들었을 때 우울증이 찾아올 확률도 높아집니다. 영훈이 역시 꾸준한 치료로 ADHD 증상은 많이 호전된 반면, 사춘기에 들어 우울증이 찾아온 케이스였습니다.

성인이 되면서 점차 상태가 호전됨에 따라 제가 약 복용량을 줄이고 증상을 관찰해 보자고 해도 아이들이 거부하거나 불안해하는 이유가 이 때문입니다. 자기 확신이 부족해서예요.

부모와 함께하는 말하기 훈련,
최대한 많이 시도해 보세요

말의 양은 곧 세상을 이해하는 그 아이만의 빅데이터와도 같습니다. 즉 '많은 말'을 겪어봐야 어떤 상황에서 어떻게 말해야 좋을지 아는 말 센스가 쌓여요. 글을 이해하고 쓰는 것은 혼자서도 익히고 연습할 수 있지만, 말은 그렇지 않습니다. 관계 안에서 말을 주고받은 경험이 필수적입니다. 내가 이런 말을 하면 상대가 어떻게 나오는지, 또 어떤 감정을 느끼는지는 말을 던지고 받아봐야 알 수 있어요. 이런 과정을 통해 할 말과 못 할 말을 구분하고, 말과 감정이 바늘과 실처럼 따라붙는다는 것을 터득합니다.

"입만 열면 분란이 생기는데 그냥 입을 다물고 있게 하는 것이 최선이에요"라고 말씀하시는 어머님들이 계십니다. 아이의 말을 수습해야 하는 어머님들이 이렇게 생각하는 것도 당연합니다. 그런데 상황과 맥락에 맞는 말을 할 수 있도록 아이에게 연습하고 훈련할 기회를 줘야지, 아예 말할 기회나 환경 자체를 차단해서는 안 됩니다. 이 말이 아이가 아무 말이나 하도록 놔두라는 뜻은 아닙니다.

아이가 관계에서 내놓는 '말의 양'이 충분히 담보되도록 집에서라도 환경을 만들어 줘야 합니다. "조심성은 가르치되 말에 대한 아이의 자존감을 키우겠다"라는 상위 목표를 가져보세요. 예를 들어 영훈이는 절차기억이 뛰어난 아이이니 이 부분을 살려주는 과학 실험, 운동, 악기 연주 등을 부모님과 같이 해보면서 대화를 나누는 거예요. 또 학원에서 배운 내용을 아이가 직접 설명하도록 시도해 보는 것이 좋습니다.

절차기억력이 뛰어난 아이들은 가족 여행을 할 때도 호텔보다는 텐트에서 묵는 캠핑이 더 효과적일 수 있어요. 이 아이들은 텐트를 치는 순서를 머릿속에 저장하고 이를 말로 설명하는 과정에서 자신감과 자존감이 차오릅니다. 텐트를 치고 캠핑용품을 세팅하면서 캠핑장에선 어떻게 말하고 행동해야 하는지 훈육하면 됩니다.

사소한 내용 같지만 "엄마 아빠와 함께 이러이러한 활동을 했고, 나는 이때 이러이러한 것을 잘했다"라고 말하는 빈도가 늘어날 때 아이가 점차 자신의 말에 확신을 가질 수 있어요. 적어도 그 주제에 한해서는 눈치를 안 봐도 되고 마음껏 말해도 되잖아요. 오히려 잘했다며 칭찬받고 환영받는 경험을 가질 수 있습니다. 그리고 이런 주제가 서너 가지 정도가 되면 아이의 자존감도 크게 높아집니다. 그동안 아이 입장에서는 자신이 '해서는 안 될 말만 하는 사람'이라는 정체성을 가지고 있었을 텐데 점차 '마음 놓고 해도 될 말'이 늘어나면서 스스로 말에 대한 자신감이 커질 테니까요.

말에 대한 자신감이 쌓이면 사회성도 함께 발달합니다. ADHD 아이들이 저를 찾아와 첫 진단을 받았을 때부터 성인이 돼 사회에서 생활하는 모습들을 지켜보니, 사회성이 잘 발달한 아이들은 공부를 조금 못하더라도 건강하게 자기 길을 찾으면서 잘 살아가더라고요. 하지만 반대로 실력이나 재능이 특출나도 사회성이 서투르면 건강한 관계를 맺고 행복하게 살아가는 데 제약을 받는 경우가 많았습니다. 그러니 말과 사회성이라는 장애물을 아이가 잘 넘을 수 있도록 집에서 충분히 말을 경험하고 연습할 수 있는 환경을 만들어 주세요.

두서없이 말하는 습관을 고치는
엄마표 트레이닝

3~7세는 언어능력이 확대되고 감정을 억제하는 것을 배우기 시작하는 시기입니다. 남들과 함께 어우러지는 사회화의 첫발을 떼는 나이라고 할 수 있지요. 물론 그럼에도 여전히 자기중심적이고 타인의 입장을 배려하기는 쉽지 않습니다. 그러다가 초등학교에 입학할 무렵 사고력이 급격히 발달해 추상적사고를 할 수 있게 되지요. 이때부터는 서서히 자기중심적 시각에서 벗어나 또래 관계를 중심에 두는 등 본격적인 사회화가 진행됩니다.

그런데 ADHD 아이들의 경우 3~7세 때 이와는 조금 다른 모습을 보이기도 합니다. 특히 감정이 세세하게 발달하지 못한 아이들이 적지 않습니다. "안 해", "싫어", "무서워"라고 말은 하지만 실제로 들여다보면 복잡다단한 다른 감정과 의미가 숨어 있는 경우가 많거든요.

지금은 어엿한 대학생이 된 율이는 처음 병원에 왔을 때 여섯 살이었어요. 진료실에 와서도 한시도 가만히 있지 못해 핑퐁처럼 대화를 주고받기가 힘들었는데 지금은 그때 그 아이가 맞나 싶을 만큼 훌륭하게 자랐습니다. 요즘은 정기적으로 내원하지는 않고 안부를 묻는 차원에서 졸업이나 취업 등의 큰일을 앞두고 있을 때만 오는데, 어느 날인가 제게 꽤 의미 있는 이야기를 들려줬어요.

"선생님, 제가 어렸을 때 '말하는 법'을 제대로 익혔었다면 친구들이 괴롭힐 때 최소한의 방어라도 할 수 있었을 것 같아요. 돌이켜 보면 이게 안 돼서 학교생활이 힘들었던 것 같아요."

율이는 고등학교 1학년 때 학교생활이 힘들어 자퇴하려고도 했지만 끝까지 다녔고, 재수를 거친 끝에 지금은 교대에 다니고 있습니다. 아이들이 제때 잘 말할 수 있도록 돕는 선생님이 되는 것이 꿈입니다.

"그랬었구나. 말을 할 때 어떤 점이 가장 힘들었니?"

"제 말에 두서가 없었던 거요. 말을 하면서도 정리가 안 되고 하려던 말을 잊어버리니 항상 끝맺음을 못 했어요."

이건 율이만 그런 것은 아닐 거예요. ADHD 아이들은 대개 두 가지 면에서 어려움을 겪곤 합니다. 하나는 율이처럼 말을 할 때 두서없이 전달하는 것, 또 하나는 감정을 제때 표현하지 못해 자존감이 손상되는 것입니다.

건너뛰며 말하는 ADHD 아이들

먼저 뒤죽박죽 말하는 습관부터 살펴볼까요? 이 아이들은 '1, 2, 3, 4, 5'가 아닌 '1, 3, 5, 7, 9'로 말하는 버릇이 몸에 배어 있습니다. 예를 들어 "주말에 강아지랑 공원에 가서 산책했어요"라는 문장처럼 주어, 목적어, 서술어를 순서대로 말하기를 어려워합니다. 자기 안에서 말이 정리가 안 되다 보니 내용의 흐름이 일정하지 않고 띄엄띄엄 말하는 거예요.

또 분명 강아지로 대화를 시작했는데 갑자기 본인이 연상하는 다른 방향으로 건너뛰는 모습도 자주 볼 수 있어요. "이번 추석 때 뭐 했어?"라고 물으면 "할머니네 가서 연 날렸어요. 맞다, 그 연이 어디로 갔지?"라고 흘러가는 식입니다.

그러면 중간에 '2, 4, 6, 8'은 왜 사라지는 걸까요? 이론적으로는 '작업기억력'의 부족에서 원인을 찾습니다. 작업기억력은 순간적으로 머릿속에 들어오는 정보를 잡아 저장하는 능력을 말합니다. 해야 할 말이 1부터 10까지 있다고 할 때, 상대에게 전달할 때까지 이 내용을 기억하고 있어야 하는데 이게 안 되는 거예요. 그러니 ADHD 아이는 자신은 아는 내용을 이미 모두 전달했다고 생각하지만, 듣는 엄마는 "넌 왜 말을 하다가 말아?"라며 역정을 내는

> **작업기억력**
>
> 작업기억이란 필요한 정보를 저장하고 조작하는 뇌의 기능을 말합니다. 예를 들어 전화번호 외우기, 길 외우기, 경조사 날짜 기억하기, 대화할 때 상대방이 하는 말 기억하기 등 이 모든 것은 작업기억이 하는 일들입니다. 작업기억력은 학습 능력은 물론 언어적 역량에도 영향을 미치는 중요한 기능입니다.

거지요. 그럼 아이는 당황하기 시작합니다. 자기 딴에는 분명 다 이야기했는데 엄마한테 야단만 맞으니까요. 만약 자녀에게 이런 일이 반복된다면 작업기억력을 높이는 대화를 해주는 것이 도움이 될 수 있습니다.

작업기억력을 높이는 엄마표 언어 트레이닝

아이의 작업기억력을 높이고 띄엄띄엄 말하는 습관을 고치기 위해 다음의 네 가지 방법을 활용할 수 있습니다.

하나, 아이의 언어로 바꿔서 말해주세요.

평소 아이의 눈높이에 맞는 단어로 말해줘야 아이가 이해하고 기억할 수 있습니다. 몇 가지 예를 들어볼게요. '버스 차고지'라는 말은 아이들에게 어려운 낱말입니다. 차고지라는 단어 대신 '버스의 집', '버스가 잠자는 곳'처럼 아이의 언어로 쉽게 바꿔서 말해주세요.

'관계자 외 출입금지'라는 말도 아이들이 잘못 이해할 수 있는 말입니다. ADHD 아이들은 호기심이 많다 보니 여기저기가 궁금한데 마침 문이 열려 있으면 일단 들어가고 봅니다. 이럴 때 부모님들은 "네가 거길 왜 들어가? 글자 못 읽어?"라며 야단치시는데 아이들은 '관계자'가 어느 선까지인지 모릅니다. 이럴 때는 풀어서 설명해 주세요. "이곳에서 일하는 분들 보이지? 목에 '관계자'라고 적힌 목걸이를 걸고 다니네. 저기는 저분들이 옷을 갈아입는 곳이라 마음대로 들어가면 안 돼"라고 알려주면 됩니다. 이렇게 설명하면 어떤 아이는 자기도 목에 걸고 다니고 싶으니 직원 명찰을 만들어 달라고 합니다. 그럼 아이와 함께 만들어서 걸어주세요. 이 아이에게 '관계자 외 출입금지'라는 글자는 집에서 엄마와 함께 만든 직원 명찰과 관련된 단어로 기억될 거고,

아이는 그 의미를 절대 잊어버리지 않을 겁니다.

> 둘, 대답할 수 있게 단서를 던져주세요.

엄마 : 포켓몬스터 캐릭터 중 누구를 가장 좋아해?

아이 : 음······.

엄마 : 힘이 엄청 센 캐릭터가 있었는데?

아이 : 아, 맞다. 괴력몬!

부모 입장에선 아이가 대답을 못 하면 답답해서 화부터 내는데, 차근차근 힌트만 던져줘도 아이들이 편하게 답을 떠올릴 수 있습니다.

> 셋, 보기를 주고 그중에서 선택하게 해보세요.

"작년에 할머니 댁에 간 거 기억나? 이번 방학 때 가면 뭐 하고 싶어?"라는 질문은 너무 막연합니다. 어른도 지난주에 있었던 일을 기억하지 못하는데 작년이라니요. 게다가 많은 일을 회상한 다음 그중 하나를 출력해서 답해야 하는데 이건 어른에게도 쉬운 일이 아닙니다. 이처럼 광범위한 질문보다는 "작년 겨울 방학 때 할머니 댁에 가서 썰매 탔잖아. 이번에는 뭐 하고 싶어?"라고 보기를 들어 물어봐 주세요. 그래야 아이가 썰매를 단서로 삼아 할머니 집에서 경험한 일을 떠올리고 인출하기가 쉬워집니다.

넷, 한 번 했던 이야기를 가족에게 다시 이야기해 달라고 권해 주세요.

> 엄마 : 오늘 저녁에 이모들 오면 포켓몬스터에 대해 네가 알려주는 건 어때? 방금 엄마에게 아가미물기에 대해 설명해 줬잖아. 상대 포켓몬보다 먼저 공격하면 두 배로 힘이 세진다는 게 엄마는 재미있었어.
> 아이 : 이모들이 얘를 알까? 모를 수도 있잖아.
> 엄마 : 캐릭터 그림도 같이 보여줘야지. 그럼 분명히 이모들도 관심을 보일 거야.
> 아이 : 응, 알았어.

별거 아닌 것처럼 보이지만 집에서 이런 훈련을 단 몇 번만 해봐도 진료실에 왔을 때 티가 납니다. 아이들의 흡수력은 상상 이상이거든요. 부모님들 역시 "이전보다 말에 두서가 생겼어요", "일기를 세 줄 이상 써요" 등의 반응을 보이며 좋아하세요. 그만큼 아이의 언어능력이 성장해 가는 것이 눈에 보이는 거지요. 이 훈련은 일상에서 부모님과 충분히 할 수 있는 만큼 꾸준히 연습을 도와주세요.

감정만 잘 처리해도
사회성이 높아집니다

앞서 ADHD 아이들이 언어와 관련해 어려움을 겪는 두 가지 경우를 말씀드렸습니다. 이번에는 그 두 번째 경우인 감정 표현의 문제를 들여다보려고 합니다. 밖에 나갔던 아이가 울면서 집에 들어온다면 부모님은 어떤 반응을 보일까요? 대부분은 "누가 그랬어!"라며 아이를 울린 범인을 수소문하거나 "또 네가 먼저 시비 걸었어?"라며 아이를 추궁하실 거예요.

그런데 이때 가장 먼저 해야 할 일은 아이를 안아주는 것입니다. 이때만큼은 아이가 기댈 사람이 엄마 아빠밖에 없거든요. 그러니 아이의 감정을 받아주는 게 최우선이어야 합니다. 다른 건 그다음에 해도 결코 늦지 않습니다.

특히 부모님들 중 필요 이상으로 화를 내는 과잉대응형이 있습니다. 무작정 학교나 동네에서 내 아이를 울린 아이를 찾아다니는 분들인데 심지어는 "누구 나와! 어디 있어?"라며 소리를 지르는 분도 있고요. 이를 '감정의 과사용'이라고 부릅니다. 문제는 이렇게 되면 아이는 '엄마 아빠가 지금 내 편을 들어주고 있어'라는 안정감 대신 '나 때문에 큰일이 벌어지는구나'라는 죄책감, 혹은 '다음부터는 엄마한테 아무 말도 하지 말아야겠다' 같은 불신감을 느낍니다. 아이의 감정이 아닌 엄마의 감정 위주로 상황이 재편되면서 여전히 아이의 상처는 방치되는 모순적인 상황이 나타나는 거지요.

다시 한번 강조하지만, 어떤 경우에도 부모님의 감정이 우선시되느라 아이의 감정이 무시되거나 뒷전이 되어서는 안 됩니다. 그렇게 되면 아이 입장에서는 정작 감정적인 문제는 해결된 것 없이 오히려 부모님 때문에 감당해야 할 짐만 늘어나는 상황이 됩니다.

아이의 미숙한 감정 처리, 부모가 만듭니다

감정은 그림자를 남기는 속성이 있습니다. '뒤끝이 있다'라고 할 때 뒤끝이 바로 감정의 그림자입니다. 아이가 부모의 감정 과잉을 자주 겪으면, 감정을 솔직하게 나타내는 것은 창피하고 큰 사달을 불러오는 일이라고 생각하기 쉽습니다. 감정 그 자체는 좋고 나쁜 게 아님에도 부모로 인해 부정적인 그림자만 떠올리게 되는 거지요.

이처럼 감정에 대한 왜곡된 인식이 형성되면, 성인이 돼 타인과 친밀한 관계를 맺을 때조차도 감정을 솔직하게 표현하지 못할 수 있습니다. "나는 널 좋아해", "이건 좀 조심해 줘"처럼 자기감정을 진솔하게 전달하지 못하면 누가 곁에 오려고 하겠어요? 게다가 친밀의 욕구가 해소되지 않으면 ADHD가 완치돼도 여전히 외롭게 살아가게 됩니다. 실제로 ADHD 증상 자체는 굉장히 좋아졌는데 성인이 돼 우울증, 사회공포증, 공황장애 같은 합병증 때문에 다시 저와 만나는 친구들이 있습니다. 이들과 대화를 나눠보면 어린 시절에 받았던 상처에 대한 기억이 뚜렷합니다. 애석하게도 대부분 부모와 연관된 것들입니다. "엄마가 나 때문에 싸움닭이 됐어요", "아빠가 시한폭탄 같아요. 분노 조절 장애 같기도 하고요"라고 하지요.

더 안타까운 것은 이 아이들은 부모가 그렇게 된 이유가 자기 때문이라고 생각해요. 그래서 성인이 된 이후에도 병원에 부모 몰래 옵니다. 물론 자녀가 ADHD인 경우 부모, 특히 엄마의 감정 기복이 심해지고 불가피하게 감정을 과잉해서 사용하게 되는 경우가 많은 것이 사실입니다. 엄마 입장에서는 이 아이를 키우면서 스트레스를 받는 상황에 처하다 보니 그렇게 되는 거예요.

어른이 먼저 자신의 감정을 성숙하게 사용할 줄 알아야 아이에게 이 부분을 가르칠 수 있습니다. 부모님의 감정이 쉽사리 진정되지 않을 때는 "내가 이번 일로 화가 많이 났구나. 내 마음이 이런데 애의 마음은 오죽할까"라고 한차례 호흡을 가라앉힌 뒤 자녀를 꼭 안아주세요. 그것만으로도 충분합니다.

습관처럼 내뱉는 "싫어"에는
다 이유가 있습니다

부모님 스스로 감정 다스리기가 됐다면 이제 아이가 내뱉는 감정어를 들어줄 차례입니다. 부모님이 아이 감정을 알아채고 통역자 역할을 해주면 됩니다.

> · 아이가 어떤 상황에 처해 있는지 맥락 파악하기
> · 아이가 표현하는 감정어에 집중하기
> · 아이의 감정어를 제대로 이해하고 통역하기

아이가 집에 와서 "엄마, 나 윤지가 싫어!"라고 말하면 이 안에는 다른 말이 생략돼 있을 가능성이 높습니다. 아이가 왜 그렇게 느꼈는지 물어보셔야 합니다. 사실 말 그대로 윤지가 싫다기보다는 "윤지가 나랑 안 놀아줘서 속상해"가 적절한 표현일 텐데, 이렇게 말할 역량이 아직 안 돼서 단순히 "싫어"라고 말하는 것일 수 있어요.

이때는 자녀가 내놓는 감정어를 잘 듣고 이 아이에게 "싫어"라는 말은 어떨 때 나오는 표현인지 부모님이 생략된 의미를 파악해야 합니다. 아이마다 그 의미가 다양하거든요. 아침에 일찍 일어나라고 하면 말 그대로 늦잠을 자고 싶어서 싫다고 말하는 경우도 있는 반면 대부분은 '무서워', '혼자 가기 싫어', '짜증 나', '속상해', '나랑 안 놀아줘', '못 먹는 음식이야'라는 생각을 "싫어"라는 한마디로 표현하는 경우가 더 많아요. 더욱이 집에서는 부모님이 알아서 맞춰주지만 밖에 나가면 아이 마음대로 하지 못할뿐더러 아이 스스로도 긴장하기 때문에 표현이 제한적일 때가 많습니다.

특히 ADHD 아이에게 "싫어"라는 말은 아직 친밀도가 떨어지거나 상대방 눈치를 볼 때 많이 사용하는 감정어입니다. 처음 보는 사람 앞이거나 새로운 곳에 방문했을 때 내뱉는 "싫어요"는 '엄마, 잠깐만요'라는 뜻입니다. 일단은 "싫다"라고 입장을 표명

한 다음 낯선 장소나 상대방을 조심스레 살피는 거예요.

병원에 처음 온 아이들 역시 제가 말을 걸면 "싫어요"부터 입에 올릴 때가 많습니다. 그러면 어머님들은 "선생님이 질문하는데 대답을 그런 식으로 하니!", "싫기는 뭐가 싫어? 말 똑바로 안 해?"라며 나무라시는데 그때마다 이렇게 설명드리곤 합니다.

"어머님, 지금 아이는 오감을 활용해 이곳이 안전한 곳인지, 내 앞의 처음 보는 이 사람은 누구인지 파악하는 중이에요. 아기가 낯가림하는 것도 보채는 식으로 자신의 의중을 전달하는 거예요. 일종의 사회 활동처럼요. 그런데 지금은 낯가림 대신 "싫

아이의 감정 표현 노트

감정어	상황
"싫어" "안 해"	
"무서워"	
"짜증 나"	
"그만해"	

어"라고 말하거나 빤히 쳐다보는 식으로 표현하는 것뿐이에요."

"그런가요? 하지만 선생님, 얘는 어딜 가든 늘 이래요."

"괜찮습니다. 낯선 곳에서 아이가 하는 "싫어."라는 말은 일시 정지 버튼과도 같으니 일단은 이해해 주시고 잠시만 기다려 주세요."

부모님께서 조금만 자세히 관찰해 보시면 아이가 평소에 자주 사용하는 감정 표현어가 몇 가지 있을 겁니다. 아이가 빈번하게 사용하는 감정 표현과 함께 어떤 상황과 맥락에서 그 표현을 쓰는지 적어보세요. 아이의 감정어는 부모님에게 의외로 많은 것을 알려줍니다. 이것만 제대로 파악해도 많은 ADHD 아이를 둔 부모님들이 궁금해하시는 '내 아이의 머릿속 생각'을 이해하기가 한결 수월하실 거예요.

언어 수용성이 큰 아이로 키우는
8 대 2 언어 사용법

최근에 ADHD를 진단받은 시현이는 학교에만 다녀오면 얼굴이 벌게져서 어머님 걱정이 이만저만이 아닙니다. 안 그래도 같은 반 친구들에게 ADHD 진단이 알려질까 봐 전전긍긍인데, 친구들이 아이를 놀리고 괴롭히는 것은 아닌지 불안해하셨지요. 무슨 일인가 물었더니, 문구류를 좋아하는 시현이에게 같은 반 개구쟁이 남학생 두 명이 '문구충'이라고 놀린 것이 발단이었습니다. 시현이는 이러한 놀림에 크게 놀란 모양이었고요.

요즘 초등학생들은 반응에 죽고 반응에 사는 아이들입니다. 어른이 보기에는 선뜻 이해되지 않는 말을 하면서 그렇게 재미있어할 수가 없어요. 특히 남자아이들은 장난을 쳤는데 여학생이 생각보다 반응이 크면 계속해서 장난을 칩니다. 시현이 역시 여기에 걸려든 것뿐이었지요.

"어머님, 이야기를 들어보니 크게 걱정하실 일이 아닌 것 같아요. 이맘때 남자아이들의 경우 상대방의 첫 반응에 따라 다음의 행동이 결정되거든요. 아이들 세계에서는 자신의 말과 행동에 대한 상대방의 반응이 전부예요."

"하지만 저희 시현이는 마음이 여려요. 그리고 '문구충'이라뇨? 아직 초등학생인 애들이 어떻게 그런 말을 할 수 있나요?"

"바른말은 아니지만 요즘 애들 입장에서는 별 뜻 없이 관용구로 쓰는 표현이에요. 시현이가 놀라는 모습을 보고 더 재미가 붙은 것 같고요."

"당연히 애가 놀라죠. 저는 시현이에게 바른말만 사용하도록 가르쳤는데요."

저는 시현이 어머님의 마지막 말씀을 주목했습니다. 우문일수 있지만 부모님들께 한 가지 질문을 드리고 싶습니다. 집에서 바른말이나 고운 말만 사용하는 것이 아이의 사회성 훈련에 도움이 될까요? 무슨 대학 병원 교수가 이런 질문을 하나 생각하실 분도 있을 것 같습니다. 하지만 우리 아이들의 현실적인 언어생활 관점에서 살펴볼 필요가 있습니다.

아이들은 재미없는 친구를 싫어합니다

조금 더 적나라하게 말씀드리면, 또래들 세계에 적응하기 힘들어하는 아이들 중 상당수는 나이에 비해 진지한 아이들이 많습니다. 친구는 웃자고 한 이야기인데 얘만 혼자서 진지하게 들으면 상대방은 다음부터는 말을 걸고 싶지가 않습니다. 이유는 단순합니다. 재미가 없거든요.

아이들이 진료실에 오면 학교에서 있었던 일들을 요모조모 물어봅니다. 어느 날인가 상담 온 아이가 이렇게 말한 적이 있습니다. 반 아이 중 누군가가 "야, 너 머리 모양이 왜 그따위야?"라면서 자신을 놀렸다는 겁니다. 그런데 이 말을 들은 아이는 충격을 받고 그 자리에서 엉엉 울었다는 거예요.

그래서 제가 "걔는 어떤 아이야? 나쁜 아이 같아?" 하고 물으면 그건 또 아니라고 해요. 같이 놀면 재미도 있고 운동을 잘해서 같은 팀이 되고 싶대요. 이야기를 들어보니 단지 서로 대화 코드나 말투가 안 맞는 것뿐이에요. 친구는 친하다고 생각해서 머리 모양을 운운한 건데 들은 아이는 굉장히 진지하게 받아들인 겁니다.

사회성이 좋은 아이는 대화 소재를 자유자재로 가져다 쓸 줄 압니다. 말이 곧 사회성인 이유는 말에 다양한 정서가 들어가 있기 때문이지요. 어른들은 세련되게 마음을 표현하고 전달하는 게 가능하지만 아이들은 아직 훈련이 덜 돼 있어요. 특히 ADHD 아이들에겐 너무 힘든 일입니다.

또 ADHD 아이들은 언어 구사에 있어 극단적인 모습을 보입니다. 해도 되는 말, 안 되는 말을 구분 없이 던진다거나, 처음 만나자마자 진지한 이야기만 늘어놓는 등 전반적으로 말에 대한 감각이 부족합니다. 그나마 해서는 안 되는 말을 어떻게 조절해야 하는지에 대한 언어 충동성 대처 방법은 어느 정도 나와 있는데 비해, 상대의 이야기를 마냥 진지하게만 받아들이는 '말 센스의 부족'에 대해서는 짚고 넘어가는 경우가 적습니다.

말 센스를 늘리는 가이드로 제가 권하는 것은 8 대 2로 언어를 사용하는 겁니다. 가벼운 내용의 대화가 80퍼센트라면 진지한 내용은 20퍼센트 정도의 비율이 좋습니다. 또 집에서 말을 가지고 노는 문화를 만들어 보세요. 요즘 아이들이 사용하는 유행어, 줄임말, 비꼬는 말 등을 아이에게 먼저 알려주고 아이와 함께 사용해 보세요. 그러면 누가 불쑥 저런 말을 던졌을 때 놀라거나 상처를 받지 않게 됩니다. 말의 수용력이 넓어지는 이점이 생기는 겁니다.

아이가 언어를 변주하면서 가지고 놀 줄 알면 ADHD 증상을 다소 보여도 친구들이 같이 놀고 싶어 합니다. 함께 놀면 재미있으니까요. 그만큼 아이들 세계에서 '언어'는 사회성의 폭을 결정하는 바로미터입니다.

잘하는 것 하나만 있어도
멘탈이 흔들리지 않아요

만약 우리 집에서는 곧 죽어도 비속어나 유행어를 사용하지 못하겠다, 혹은 아이의 성향이나 성격을 쉽게 못 고치겠다 싶으면 다른 방법을 추천합니다. 주변에서 "이거 하면 이 친구지"라고 할 만한 '절대 반지'를 아이에게 만들어 주는 거예요. 한 가지를 진득하게 못 해서 그렇지, 여러 방면에 호기심이 많은 ADHD 아이들에게는 꽤 유용한 방법일 수 있습니다.

우리나라 부모님들은 아직까지 공부를 가장 강조하는 경향이 있지만 아이들 세계에서는 운동 감각, 유머 감각, 깔끔함, 그리고 친절함 등이 인기의 가장 중요한 요소입니다. 꼭 이런 것들이 아니어도 피아노를 잘 친다든지, 그림을 잘 그린다든지, 과학 실험을 잘하는 아이들은 이 활동을 하는 시간이 되면 인정을 받습니다. 그러니 단 한 가지만이라도 아이가 자신감 있게 할 수 있도록 미리 신경을 써주세요.

초등학생 아이들은 아직 어리다 보니 인기와 사회성을 동일하게 여깁니다. 아이들에게 있어 사회성은 곧 주목받고 인기를 얻는 것과 같은 개념이에요. 당연히 반에서 인기 있는 아이와 친해지려고 하고, 나아가 자신이 그런 존재가 되고 싶어 합니다. ADHD 아이들이라고 다르지 않겠지요. "난 이 시간만큼은 최고야"라는 자신감만 있어도 ADHD 증상으로 인한 자존감 손상을 상당 부분 상쇄할 수 있습니다.

사회성 좋은 아이 뒤에는
감정 코칭형 부모가 있습니다

상당수 부모님들이 ADHD 아이들은 대인관계가 서툴다 보니 외톨이처럼 지낼 거라고 생각하시는데 그렇지 않습니다. ADHD 진단을 받았어도 관심과 사랑을 불러일으키는 아이, 친구들 입장에서 같이 어울리고 싶다는 생각이 드는 아이가 분명히 있습니다. 이런 아이들에게는 공통점이 하나 있는데 자녀의 감정을 잘 이해하고 다독여 주는 부모님이 뒤에 있다는 사실입니다.

저는 이런 부모님을 가리켜 '감정 코칭형 부모'라고 표현합니다. 감정 코칭형 부모가 되기 위해서는 다음과 같은 몇 가지 조건이 필요해요.

감정 코칭형 부모의 조건

· 자녀의 부정적인 감정을 힘들어하지 않는다.

· 자녀의 미묘한 감정도 잘 감지한다.

· 자녀에게 특정 감정만을 강요하지 않는다.

· 자녀의 모든 문제를 고쳐야 한다고 단정하지 않는다.

· 부모 자신의 감정을 인지하고 존중한다.

· 자녀의 부정적인 감정을 자녀와 가까워질 기회로 삼는다.

특히 저는 마지막 항목인 '자녀의 부정적인 감정을 자녀와 가까워질 기회로 삼는다'를 눈여겨보시라고 말씀드리고 싶습니다. 이 조건이 가능해지면 앞의 다른 조건들은 상당 부분 저절로 해결되기 때문입니다. 아래 대화를 같이 살펴볼까요?

엄마 : 왜 그렇게 시무룩하게 앉아 있어?

아이 : 소형이가 나랑 안 놀겠대.

엄마 : 그래서 기운이 하나도 없는 거야? 엄마가 소형이 엄마에게 전화해 볼까?

아이 : 아니야, 됐어.

엄마 : 엄마가 소형이네 전화해서 떡볶이 먹고 놀다 가라고 해볼게. 어때?

아이 : ……. 그럼 엄마가 지금 전화해 봐.

위 대화에서 엄마는 세심한 관찰 덕분에 아이의 시무룩함을
놓치지 않았어요. 게다가 말로만 그친 것이 아니라 지금 상황에
서 시도할 수 있는 해결책을 제시했습니다. 처음에는 아이도 친
구 집에 전화하는 것을 꺼려했지만 엄마가 떡볶이를 들이밀자
자신감이 붙었어요. 아이의 불편한 감정을 긍정적으로 변화시킨
대표적인 사례입니다.

여기서 친구 소형이가 초대를 거절하면 아이의 속상함이 더
커지지 않겠느냐고 생각하는 분도 계실 것 같아요. 그런데 아이
의 속상한 마음은 이미 어느 정도 풀어졌을 겁니다. 엄마가 자신
의 감정을 알아차려 줬고, 그래서 설령 소형이가 못 온다 해도
엄마랑 떡볶이를 먹으며 시간을 보내면 되거든요. 그리고 즐거
운 기분을 간직한 채 다음 날 소형이에게 손을 내밀면 상황은 종
료될 겁니다.

이렇게 부모님을 통해 훈련이 되면 아이는 자신의 불편한 감
정이 긍정적 감정으로 변할 수 있다는 것을 깨닫습니다. 그리고
관계 안에서 갈등이 생겼을 때 엄마가 내민 떡볶이 같은 '자신만
의 카드'를 꺼낼 수 있는 성인으로 자랍니다.

물론 아이의 감정을 이해하고 다독이는 부모가 되는 것은 절

대 쉬운 일이 아닙니다. 하지만 감정 코칭형 부모까지는 아니더라도 '감정 소모형 부모'만 되지 않아도 충분히 하실 수 있는 일입니다. 바로 무시형 부모, 부정형 부모, 자유방임형 부모가 그것인데요. 이 책을 읽으시는 부모님들은 자신이 여기에 해당하지는 않는지 생각해 보시길 권합니다.

무시형 부모

아이 : 지금 피아노 연습하면 안 돼?

엄마 : 그게 무슨 소리야? 조금 있으면 영어 선생님 오시잖아?

아이 : 그렇긴 하지만 지금 연습하고 싶단 말이야.

엄마 : 넌 가만히 있다가 꼭 이러더라. 영어 공부할 시간에 피아
노를 하면 어떡해! 뭐든 제때 해야지.

엄마는 아이가 해야 할 일에만 집중하고 있습니다. 그러다 보니 아이가 지금 필요로 하는 것에는 관심이 없어요. 적어도 왜 지금 피아노 연습을 하겠다고 하는지 묻기라도 해야 합니다.

부정형 부모

엄마 : 너 표정이 왜 그래! 또 싸우고 들어온 거야?

아이 : 그런 거 아니야. 내가 잘못한 건 없단 말이야.

> 엄마 : 보나 마나 네가 먼저 건드렸겠지. 저녁때 아빠 오시면 다 말할 거야!

엄마는 지금 아이의 표정이 왜 안 좋은지, 무슨 일이 있었는지는 관심이 없는 상태입니다. 그저 아이가 먼저 시비를 걸고 친구와 싸웠는지 아닌지만 판단하고 있어요. 이처럼 겉으로 보이는 행동만 놓고 아이를 야단치거나 비난하는 부모님들이 정말 많습니다.

자유방임형 부모

"네 인생이니 네가 알아서 살아. 누가 대신 살아주니?"

"아이들 싸움에 나서봤자 엄마들 싸움밖에 더 돼? 자기가 알아서 해결해야지 뭐."

"혼자 소리치고 난리가 났네! 나도 이제 지친다."

'자유방임형'이라는 말이 아이에게 자율성을 준다는 것처럼 보이지만, 여기서 그 의미는 조금 다릅니다. 이 유형의 부모님들은 아이의 감정, 처한 상황 등에 대해서는 별 관심이나 반응을 보이지 않으세요. 당연히 부모로서 해야 할 적절한 개입이나 조치도 취하지 않습니다.

아이는 부모가 자신의 감정을 잘 이해하고 다독여 주는 것을 보며, 다른 사람의 감정을 어떻게 대해야 하는지 배워나갑니다. 타인의 감정을 이해하고 공감할 줄 아는 아이가 사회성 뛰어난 아이가 되는 것은 당연하겠지요. 그러니 지금부터라도 아이의 감정을 살필 줄 아는 부모가 되는 것을 목표로 삼아보세요. 부모님의 이런 마음이 아이에게 충분히 전해질 겁니다.

PART 5

ADHD 아이의 공부법,

조금은 달라야 합니다

초등 입학 전이라면
'등교 루틴'부터 확실하게

현석이네는 그야말로 '엄마의 힘'을 느낄 수 있는 집입니다. 현석이와 아버님이 함께 ADHD 치료를 받고 있거든요. 성인 ADHD인 현석이 아버님의 경우 산만함이 심하고 규칙을 지키는 것을 어려워하는 케이스입니다. 그러다 보니 평소에도 아무 곳에나 주차를 하거나 운전 중 여러 차례 과속을 하는 일이 잦아서 한 달 벌금만 30만 원을 넘긴 적도 있다고 해요. 가족끼리 어디를 갈 때면 운전은 어머님 몫이지요.

현석이는 여섯 살 때 ADHD 진단을 받았는데, 흥미롭게도 '규칙을 지키지 않으면 아빠처럼 밖에도 못 나가고 잔뜩 야단만 맞는다'라는 것을 어릴 때부터 체득했습니다. 보통은 형제자매가 혼나는 것을 보며 타산지석으로 삼는데, 현석이는 아빠를 보면서 어떻게 해야 할지를 터득해 나가고 있었던 거지요.

저학년일수록 공부보다
생활 습관이 중요합니다

대부분의 ADHD 아이들은 매일 아침마다 전쟁 아닌 전쟁을 치릅니다. 수면 각성이 안 되는 탓에 몸을 일으키는 데만 1시간이 넘게 걸리는가 하면, 칫솔질만 20분 동안 하거나 등교 직전에야 준비물을 챙기는 등 그야말로 엄마 입장에서는 진 빠지는 아침이 됩니다.

그런데 현석이 어머님은 남편을 챙겨온 경험을 바탕으로 아들 역시 효과적으로 관리하고 있었습니다. 밤에는 정해진 시간에 잠자리에 들고 아침에 제시간에 일어나기, 시간 맞춰 밥 먹고 양치하기 등 일상생활에 필요한 습관을 하나하나 훈련시키고 계셨어요. 제때 자고 일어나는 습관이 자리 잡는 데만 반년 이상 걸렸다고 하시더라고요.

현석이가 일곱 살이 되고부터는 다음 날 입을 옷과 준비물을 전날에 미리 챙기는 습관을 가르치고 계셨는데 이건 1년 이상

걸릴 것 같다고 말씀하셨어요. 한꺼번에 많은 것을 고치고 싶어 하는 여느 어머님들과 다른 모습이라 굉장히 인상 깊었습니다. 마치 초등학교에 입학하기 전 생활 습관을 형성하는 2~3년짜리 프로젝트를 기획하고 실천하시는 듯한 느낌이었어요.

"어머님, 혹시 심리학 관련해 따로 공부하신 적이 있으세요?"

"그건 아니고요. 남편을 보니까 규칙적인 일상생활부터가 공부란 생각이 들더라고요. 요즘은 다들 아이한테 선행학습 시키잖아요? 우리 애는 보통 아이들과 다르니까 이런 거라도 미리 해놓아야 할 것 같더라고요."

일곱 살에서 여덟 살이 되는 순간, 아이를 둘러싼 모든 것이 바뀝니다. 난생처음 학교라는 곳에 가서 본격적인 사회생활과 학습을 시작하지요. 그래서 아이들은 마치 이민을 간 것 같은 변화와 스트레스를 맞이합니다. 게다가 학교에 가면 또래 친구들이 20~30명 정도 있는데 이것은 비교 대상이 아이의 눈앞에 있는 것과 같습니다.

이처럼 ADHD가 아닌 아이들도 처음으로 학교생활에 적응하며 스트레스를 받는데, ADHD 아이들의 경우에는 말할 것도 없겠지요. 그러니 ADHD 아이라면 현석이처럼 등교 루틴을 미리 세워놓는 것도 좋은 전략입니다. 잠자리에 들고 일어나기, 씻기, 책가방 싸기 등 날마다 학교를 가기 위해 해야 할 일들을 숨 쉬는 것처럼 자연스럽게 몸에 밴 습관으로 만드는 거예요. 저학년이라면 이런 습관이 공부 자체보다 훨씬 중요합니다. 사실 초등학교 저학년 때 공부로 다른 아이와 비교당할 일은 거의 없습니다. 대신 생활 습관과 정리로 평가를 받지요.

습관 하나당 3개월은 기다려 주세요

여기서 한 가지 유념하실 사항이 있습니다. 일어나기, 양치하기 등은 보통 사람이라면 큰 어려움 없이 할 수 있는 것들이지만 ADHD 아이들에게는 난이도가 꽤 높은 일이라는 사실입니다. "이게 왜 안 돼?", "엄마가 백 점을 맞으라고 했어? 제때 자고 일어나기만 하면 되는데 그게 그렇게 어려워?"라고 화내시는 부모님이 많으신데 ADHD 아이들에게는 정말 어렵습니다. 일부러 안 하는 게 아니라 안 되니까 못 하는 거예요.

사실 ADHD를 겪지 않는 아이라 하더라도 집에 들어오자마자 시키지 않아도 마스크를 벗고, 손을 씻고, 가방과 입은 옷을 제자리에 놓는 아이가 몇이나 될까요? 거의 없을 겁니다. 가방과 옷은 바닥 아무 데나 휙 집어던지고 양말은 여기 한 짝, 저기 한 짝 벗어서 놓는 경우가 허다할 거예요. 그런데도 ADHD 자녀를 둔 어머님들은 마음에 안 드는 습관을 한꺼번에 고치고 싶어 합니다. 씻기, 옷 정리, 숙제하기 등을 하나씩 나눠서 해도 할까 말까인데 말이지요.

현석이 어머님이 아이가 제때 자고 일어나는 습관을 들이는 데만 6개월이 걸렸다고 했던 것을 기억하시나요? 이게 현실입니다. 한꺼번에 생활 습관을 고치고 바꾸게 하려면 부모와 아이 모두 감정은 감정대로 상하고 힘은 힘대로 들어갑니다. 그러니 습관 하나당 '3개월+α'를 기간으로 잡고 훈련을 시켜주세요. 뇌 과학자들에 의하면 새로운 습관이 자리 잡기까지 약 3개월이 걸린다고 하는데, ADHD 아이들은 남들보다 조금 더 시간이 더 필요한 만큼 '+α' 기간을 두는 겁니다.

만약 어떤 습관을 들이고 싶다면 "가방을 정리해"라고 지시하지만 말고 아이가 잘하는지 옆에서 지켜봐 주세요. 미취학 아동이라면 아직은 어리니 옆에서 도와주는 것도 좋습니다. 처음부터 완벽한 모습을 보이지 않더라도 평소 가방을 내팽개쳤던 아이가 얌전히 내려놓았다면 이것만으로도 대단한 변화인 거예요. 이때 칭찬과 격려, 적절한 보상이 있으면 아이는 '집 도착-책가방 놓기-보상'을 하나의 루틴으로 기억할 겁니다. ADHD 아이들에게 이 루틴을 익히게 하면, 그 과정에서 엄마의 손이 많이 들어가도 실행 기능을 70~80퍼센트 수준까지는 끌어올릴 수 있습니다.

현석이 어머님 말대로 이 시기의 ADHD 아이들에게 가장 필요한 선행학습은 공부가 아니라 일상생활을 문제없이 해낼 수 있는 습관을 기르는 것입니다. 이런 루틴이야말로 10년 이상 이어질 학교생활을 좌우하는 열쇠가 될 거예요. 그러니 조급한 마음을 버리고 한 번에 하나씩, 기간을 넉넉히 잡고 아이를 훈련시켜 주시길 권합니다.

담임 선생님의
도움을 받으면 좋은 것들

학기초가 되면 어머님들이 많이 고민하며 물어보시는 내용이 있습니다. 바로 "아이의 상태나 진단 결과를 담임선생님께 알려야 할까요?"라는 질문이에요. 결론부터 말씀드리면 "아이 입장에서 따져보고 아이와 의논해서 결정한다."가 맞습니다. 원칙적으로는 선생님께 알리고 도움을 구하는 것이 맞지만, 현실적으로는 아이나 부모님께 부담이 될 수도 있기 때문입니다. 물론 이를 판단하기 위해서는 아이의 현재 상태나 ADHD 정도가 어떤지를 살펴봐야겠지요.

조용한 ADHD일 때

조용한 ADHD 중에는 "사람들이 나를 어떻게 생각할까?"를 굉장히 예민하게 걱정하는 아이들이 있습니다. "ADHD는 네 잘못이 아니라 뇌의 질환이야"라고 아무리 설명을 해줘도 아이들은 '난 태어날 때부터 뇌가 고장 났구나'라고 받아들입니다. 또 어릴 때부터 하도 주의를 들은 탓인지 눈에 띄는 것을 극도로 경계하거나 자기 상태를 다른 사람이 아는 것에 부담을 느끼는 아이도 적지 않습니다. 이처럼 사람들의 관심을 경계하는 성향이라면 신중하게 접근해야 합니다.

누군가의 정보를 공개하는 방식에 있어 한 가지 구분하고 넘어가면, '오픈Open'이 당사자인 아이의 동의를 받고 제3자에게 알리는 것이라면, '아웃팅Outing'은 아이의 동의 없이 부모의 판단 하에 알리는 것을 뜻합니다. 즉 오픈에는 아이의 의견이 들어가 있지만, 아웃팅에는 배제돼 있지요. 간혹 어머님들 중에는 아이의 의견은 묻지 않은 채 외부에 아이 상태를 알리는 분들이 있습니다. 그러다가 아이가 이를 알고 "엄마 때문에 다 망쳤어! 내일부터 학교 안 갈 거야!"라며 울고불고 난리를 치는 바람에 다음 날 급하게 병원에 오시는 경우가 매년 한두 건씩은 있습니다.

이처럼 자칫하면 당사자인 아이의 마음이 다칠 수도 있는 사안이므로 오픈 여부는 충분히 고민하고 결정하셔야 합니다. 저는 학교라는 공간에서 아이가 무엇보다 안정감을 느끼는 것이 최우선이 돼야 한다고 생각해서 만약 여기에 지장이 생긴다면 오픈은 미루는 편이 좋을 것 같다고 말씀드립니다.

과잉행동형 ADHD일 때

과잉행동형 ADHD의 경우 아이가 경증인지 중증인지에 따라 달라질 수 있습니다. 증상이 경미하면 아이의 동의를 받아 선생님께 알리는 게 좋습니다. 반면 신학기가 시작되고 한 달 내에 반에서 과도한 주목을 받을 정도로 문제 행동이 두드러진다면 부모님이 먼저 선생님께 알리고 나중에 아이의 동의를 구하는 방식을 권합니다.

1분 이상 자리에 앉아 있는 것이 거의 불가능한 아이들도 있습니다. 수업 시간인데도 교실에서 돌아다니거나 창밖의 누군가를 보고 손을 흔들며 큰 소리로 인사하지요. 이런 정도라면 선생님께 미리 말씀드리는 것이 맞습니다. 단, 선생님께 알리고 난 후에는 아이에게도 반드시 이 사실을 말해줘야 합니다. "네가 수업 시간에 계속해서 돌아다니고 친구들에게 불편을 끼쳐서 선생님께 말씀드릴 수밖에 없었어"라고 알려줘야 아이가 존중받고 있다는 느낌을 받습니다.

아이가 조용한 ADHD이든 과잉행동형 ADHD이든 상관없이 아이의 학교생활이 불안한 부모님들도 있으실 거예요. 이 경우에는 새 학기가 시작되고 한 달이 지났을 때 담임선생님과 면담을 잡으시길 권합니다. 한 달이면 부모님 입장에서 아이의 학교생활에 대한 감을 잡을 수 있거니와 선생님 역시 아이에 대해 웬만큼 파악한 시점이기 때문입니다. 즉 부모와 교사가 충분히 아이의 상태를 확인하고, 그것을 바탕으로 아이에게 최선의 방법이 무엇인지 논의할 수 있는 시기인 만큼 이때 학교에 방문해 말씀드리면 좋습니다.

가능하면 앞자리가 좋습니다

또 하나, 담임선생님께 좌석 배치에 대해서도 말씀드려 보세요. 가끔 선생님들 중에는 아이가 수업 분위기를 망치면 맨 뒤로 보내는 분이 있습니다. 그런데 ADHD 아이들한테는 이게 쥐약입니다. 뒷자리에 앉으면 반 친구들의 뒤통수가 보이는데, 그걸 보며 '이 머리띠 뭐지?', '가방 바뀌었네?' 등등 오만 생각을 다 하거든요. 자극 요소가 늘어나서 주의가 더 분산되는 겁니다. 이렇게 되면 이 아이는 학교생활에 있어서 가방 들고 왔다 갔다만 하는 주변인이 될 우려가 있어요.

하지만 무작정 내 자녀만 배려해 달라고 강조하는 것은 금물입니다. 아이의 키나 덩치가 커서 앞자리에 앉히기 어려울 수도 있고, 계속해서 수업 분위기를 흐릴 수도 있으니까요. 그러니 선생님의 반응은 그분의 몫으로 남겨두고, 조심스럽게 요청을 드린다는 자세로 접근해 주세요. 만약 앞자리에 앉히는 것이 어렵다면 반장 같은 아이를 짝꿍으로 요청하는 방법도 있습니다.

급식도 넘어야 할 산입니다

진료실에 온 아이들에게 종종 "오늘 급식은 뭐 먹었어?"라고 묻는 경우가 있습니다. 아이가 급식 시간을 좋아하는지, 심리적으로 부담스러워하지는 않는지 등을 알아보기 위한 질문이에요. 부모님 역시 같은 방식으로 아이에게 자주 물어보시는 것이 좋습니다. 왜냐하면 ADHD 아이들에게는 급식 자체도 넘어야 할 산이기 때문입니다. 집에서는 내 마음대로 할 수 있지만 학교에서는 규율을 지켜가며 밥을 먹어야 하거든요. 제자리에 앉아서 먹기, 스스로 수저 사용하기, 옷에 흘리지 않고 먹기, 음식 쏟지 않기 등 이 아이들에게는 어느 하나 쉬운 일이 없어요.

간혹 음식을 남기는 것에 엄격한 선생님도 계시는데, 이러면 아이가 부담을 느끼고 긴장하게 돼 평소보다 더 못 먹습니다. 우리 뇌는 불안 신호를 감지하면 교감신경계가 활성화되면서 몸에 이런저런 경고를 보내는데 그중 하나가 소화 기능을 잠가버리는 거예요. 이 역시 노력으로 되는 것이 아니라 태어날 때부터 우리 몸이 이렇게 설계돼 있는 것입니다. 그러니 아이가 음식을 남기는 것 정도는 이해해 달라고 선생님에게 미리 양해를 구하시는 것이 좋습니다.

학교에 입학한 아이에게는 부모님과 선생님이 가장 중요한 어른입니다. 조금 더 시야를 넓혀서 선생님-부모님-주치의가 아이를 올바르게 이해하고 이끌어 주는 3각 체계를 구축한다면, ADHD 아이가 내실 있게 성장할 가능성이 높습니다. 담임선생님과 이야기를 하실 때는 단순히 아이의 상태를 알리고 이런저런 편의나 배려를 부탁한다는 생각보다는, 아이에게 필요한 체계를 구축한다는 마음으로 접근하시면 큰 도움이 될 겁니다.

학습력과 자존감을 키워주는
네 가지 활동

ADHD 자녀를 둔 어머님들은 '우리 애가 학교 공부를 못 따라가면 어떡하나' 하며 많이 걱정하십니다. 저 역시 아이들을 자주 대하는 입장에서 궁금한 마음에, 초등학교 선생님인 지인에게 선행학습에 대해 물은 적이 있습니다. 그런데 이렇게 말씀하시더라고요.

"교탁에 서 있으면 반 아이들이 한 명 한 명 다 보여요. 그런데 서른 명 중 일고여덟 명만 눈빛이 초롱초롱하고 나머지는 몸만 여기에 와 있어요. 다들 선행학습을 하고 오니 이미 아는 내용을 또 배운다고 생각하는 거예요. 그런데 실제로 물어보면 모르는 경우가 90퍼센트 이상입니다. 구구단은 외우면서도 곱셈

기호가 나오면 당황하는 식이에요. 의미를 모른 채 그저 외우기만 한 거죠."

그리고 교과과정을 일일이 선행학습을 하는 것보다 질서 교육, 책을 읽고 쓸 정도의 한글 교육, 수업 시간에 집중하는 자세를 가르치는 것이 훨씬 도움이 된다고 조언하셨습니다. 이를 바탕으로 초등학교 입학을 앞두고 있거나 1~2학년인 ADHD 아이에게 필요한 준비 사항 네 가지를 꼽아봤습니다.

하나, 한글은 철저히 익히게 해주세요

초등학교 2학년까지는 한글만 제대로 알고 있어도 학교생활에 크게 힘들 일이 없습니다. '가나다'라는 글자가 있다고 예를 들어보겠습니다. 'ㄱ'이라는 모양과 '기역'이라는 음을 연결 지어야 하는데 이것을 자연스럽게 해나가는 아이가 있는 반면, 곧 죽어도 못하는 아이들이 있어요. 아이가 이 연결을 못 해서 힘들어할 경우 어머님들이 정말 괴로워하십니다.

사실 글자 익히기는 물론 숫자 익히기, 연산하기, 구구단 외우기 등은 모두 주의 집중력과 관련이 깊은 학습입니다. 'ㄱ'이라는 모양에 집중하고, 이 글자를 '기역'이라고 읽는다는 사실에 또

한 번 집중해야 하거든요. 그러니 ADHD 아이에게 한글을 가르칠 때는 우선 글자 모양이 눈에 익숙해지도록 도와주세요. 거실이나 방문 앞에 글자와 글자 이름이 같이 쓰여 있는 한글 포스터를 걸어놓고 수시로 보게 하는 겁니다. 또 한글카드를 만들어 냉장고나 가구 등 곳곳에 붙여놓고 아이가 소리 내어 읽도록 하는 것도 좋습니다.

둘, 하루 10분씩 글씨 쓰기를 연습하게 해주세요

대부분의 ADHD 아이들은 쓰기 영역에서 어려움을 겪습니다. 바른 글씨 쓰기, 맞춤법, 작문하기 등에서 골고루 문제를 보이는 경우가 많지요. 만약 아이가 읽기를 힘들어한다 싶으면 쓰기 문제도 동반돼 있다고 보시면 됩니다. 이때 쓰기의 기본인 손글씨 쓰기와 관련해 부모님들이 놓치시는 것이 하나 있어요. 예전에 어떤 어머님께서 이렇게 말씀하신 적이 있습니다.

"선생님, 저희 애는 글자를 쓸 때 받침을 쓰다가 말아요. 'ㄷ'이랑 'ㄹ'을 헷갈려하는 것 같아요."

결론부터 말씀드리면 이 아이는 받침이 헷갈려서 잘못 쓴 것이 아니라 손의 힘이 부족해 그렇게 썼던 거였어요. 소근육 발달이 미숙해서 손가락과 손목의 힘 조절이 안 되다 보니 받침을 쓰다가 마는 것처럼 보인 것이었지요. 참고로 소근육 발달은 글씨쓰기를 비롯해 초등학교 1학년의 다양한 활동에 꽤 많은 영향을 미칩니다.

하루에 10분이라도 손 글씨 쓰기를 연습하도록 도와주시되, 만약 연습해도 제자리걸음이라면 무리할 필요는 없습니다. 오히려 초등학교 4~5학년쯤에는 컴퓨터 키보드를 치는 능력이 더 필요해지거든요. 중학생만 돼도 파워포인트로 과제물을 작성하게 되면서 손 글씨보다는 타이핑하는 경우가 많아집니다. 그러니 아이가 손 글씨 쓰기를 너무 어려워한다면 길게 보고 타이핑을 능숙하게 할 수 있도록 도와주는 것도 하나의 방법입니다.

셋, 에너지를 발산할 수 있는 체육 활동을 시켜주세요

저는 ADHD 아이들에게 수영이나 태권도를 권하곤 합니다. ADHD 아이들은 에너지를 발산하는 것이 좋은데 동작이 크고 움직임이 활발한 태권도만 한 것이 없거든요. "안 그래도 충동적이고 행동이 큰 아이가 태권도를 배웠다가 자칫 친구를 공격하면 어떡하나요?"라며 걱정하실 수도 있을 텐데, 오히려 태권도장에서는 다른 사람에게 그렇게 하면 안 된다는 것을 가르칩니다. 그래도 여전히 걱정이 되신다면 일대일로 배우는 것도 하나의 방법입니다. 가르치는 선생님도 오직 이 아이에게만 집중할 수 있어서 아이가 흥미를 갖고 수업에 임하는 장점이 있습니다.

신학기가 되면 어머님들께 학교 수업과정을 미리 알아보시라고 말씀드립니다. 특히 다양한 체육 활동을 하기 어렵고 활동적인 아이가 아니지만 운동을 하나쯤 해보고 싶다면, 줄넘기나 발야구처럼 학교 체육 시간에 빠짐없이 등장하는 활동을 권하곤 합니다. 실제로 진료실에 오는 초등학교 1학년~중학교 3학년 아이들이 가방에 줄넘기를 넣고 다니는 모습을 자주 봅니다. 특히 줄넘기는 학교 수업을 따라가는 목적에서라도 ADHD 아이에게 권장할 만한 활동입니다.

넷, 소근육 발달을 돕는 악기는 하나쯤 배워두는 것이 좋아요

초등학교 때는 공부보다는 예체능을 잘하는 아이가 반에서 인기가 많습니다. ADHD 자녀가 학습에서 다소 부진하다면, 흥미를 보이는 예체능 활동으로 자존감을 지키면서 공부를 보완해

나가는 '투 트랙 전략'도 괜찮습니다.

반 친구들로부터 주목을 받을 만한 것으로 악기 연주만 한 것이 없습니다. 아직 초등학교에 입학하지 않은 아이라면 피아노나 실로폰처럼 고정된 음을 익히는 악기가 좋아요. 소근육 발달이 중요하다고 말씀드렸는데 피아노 연주는 소근육 발달을 촉진하는 활동입니다. 특히 연주할 때 양손을 움직이므로 전반적인 뇌의 발달에도 도움이 됩니다.

열 살 정도 되면 리코더를 배우게 하는 것도 좋습니다. 리코더 역시 초등학교 중학년부터 중학교까지 음악 실기 평가에 자주 등장하는 악기입니다. 입으로 불면서 운지도 해야 하는 탓에 아이들이 스트레스를 받는 경우도 많으니, 미리 배우면서 경험하는 차원으로 보시면 됩니다.

이 아이들의 목표는 조금은 달라야 합니다

ADHD 자녀를 둔 부모님들이 아이에게 무엇을 가르치든 유념하실 점이 있습니다. 이 아이들의 경우 다른 아이들과 선행학습의 목표가 조금은 달라야 한다는 사실입니다. 무리한 선행학습은 아이의 주의 집중력을 흐트러뜨리고 역효과만 불러올 수 있어요. 그러니 남보다 뛰어난 결과물 그 자체보다는 아이가 학교생활에서 자존감을 지켜나가는 것, 이것이 목표가 되도록 아이를 이끌어 주세요.

공부할 때 꼭 필요한
'시간개념' 장착하기

초등학교 2학년 현영이는 주의력결핍이 심한 ADHD입니다. 무엇을 먼저 하고 무엇을 나중에 해야 하는지에 대한 감이 없고, 학원에 가는 날인데도 잊어버려 혼도 많이 났어요. 준비물도 자주 빠뜨려서 현영이 어머님은 그것을 챙겨주느라 딸과 같이 학교에 다니는 기분이 들 정도라고 하셨지요.

"매사가 느릿느릿하고 꼭 나사 하나가 빠진 애 같아요. 학원 버스가 올 시간인데 그제야 양말을 신고 있고……. 옆에서 보는 제가 다 복장이 터져요."

그런데 뒤이어 나오는 어머님의 말씀이 흥미로웠습니다.

"더 이해가 안 가는 건 얘가 느린데 빨라요."

무슨 말인가 싶어 구체적으로 설명해 달라고 하자, 어머님은 이렇게 말씀하셨습니다.

"현영이가 겉으로는 느린 곰처럼 보이는데 남에게 지는 것을 싫어해요. 학원 가면 선생님이 예제를 설명하고 아이들이 직접 풀도록 시간을 주잖아요? 그럼 현영이는 먼저 다 풀고 허공을 보고 있대요. 속도로 일등을 해야 한다는 강박이 있는 거예요. 그런데 빨리만 풀면 뭐 해요, 다 틀리는데. 문제가 쉬울 때는 상관없지만 3학년만 돼도 문제가 복잡해지잖아요. 앞으로가 더 걱정이에요."

'행동 계산기'가 없는 ADHD 아이들

충동성이 높고 자기조절이 어렵다거나, 실행 기능이 떨어지는 등 ADHD 증상은 정말 다양한데요. 또 하나 대표적인 증상이 시간개념이 부족하다는 것입니다. 저는 아이의 시간개념에 이상한 낌새가 보이면 ADHD 검사를 권유합니다. "아직 어리니까 그럴 수 있지 않아요?"라며 대수롭지 않게 여길 수도 있지만, 시간개념은 매우 중요한 요소입니다. 어떤 과제를 해내기 위해 언제, 무엇을, 어떻게 해야 할지 생각하고 적용하는 실행 기능, 그리고 머릿속에 들어오는 정보를 잡아 뒀다 인출하는 작업기억력 모두 시간개념과 연관이 깊기 때문입니다.

현영이 어머님은 아이가 공부 빼고 다 느리다고 하셨는데, 여기서 느리다는 말은 속도 자체가 느리다는 뜻이 아닙니다. 주어진 과제를 수행하기 위해 시간을 예측하고, 그것을 실행하기 위해 발을 담그는 '행동 계산기'가 아이에게 없는 거예요. 현영이가 학원을 가기 위해 준비하는 과정만 봐도 알 수 있어요. 발달 단계상 초등학교 2학년쯤 되면 '무슨 요일, 몇 시에는 학원에 가는 거야' 정도의 시간개념을 가지고 있습니다. 하지만 현영이 같은 조용한 ADHD 아이들은 이런 기준 자체가 없어요. 그러니 학원 가는 요일도, 준비물도 잊어버리고 엄마가 계속 알려줘야 하는 상황이 반복되는 겁니다.

또 현영이가 학원에서 일등으로 문제만 풀고 연필을 딱 놓는 이유도 공부를 제대로 하는 데 필요한 시간개념이 잡혀 있지 않아서이거든요. 학원 선생님이 문제 푸는 시간을 10분을 줬다면 이는 문제를 풀고 검산까지 마치라는 의미가 있을 거예요. 그런데도 현영이는 10분이 어느 정도 긴 시간인지, 몇 문제 정도 풀 수 있는지에 대한 개념이 없다 보니 무조건 서둘러 답을 적고 나머지 시간이 흘러가기를 기다리고 있는 것입니다.

시간개념, 이렇게 잡아주세요

그렇다면 현영이 같은 아이들은 어떤 방법으로 시간개념을 길러줘야 할까요? 현영이처럼 초등학교 저학년에 활용할 수 있는 적절한 방법을 몇 가지 알려드리겠습니다.

첫째, 한 문제를 풀더라도 지금보다 많은 시간을 사용해도 된다는 것을 경험하게 해주세요. 즉 '문제를 빨리 풀어낼 필요가 없는 상황'을 만드는 것이 핵심입니다. 한 페이지, 한 문제라도 꼼꼼하게 들여다보는 습관을 들이도록 반드시 분량을 제한해 주세요. 이렇게 해서 어느 정도 변화가 생겼을 때 조금씩 분량을 늘려나가는 것이 좋습니다.

둘째, 경쟁심을 느끼는 상대와는 따로 공부해야 합니다. 현영이의 경우 시간개념이 부족한 것이 가장 큰 원인이었지만, 자신보다 야무지고 똑똑한 두 살 터울 여동생에 대한 경쟁의식도 어느 정도 영향이 있었습니다. 따라서 최대한 독립적인 학습 환경을 만들어 줘야 합니다. 특히 같은 문제집을 풀거나 같은 것으로 승부를 겨루게 하는 것은 좋은 방법이 아닙니다.

셋째, 현영이 같은 경우 시간개념은 물론 실행 기능 자체가 떨어져 있는 상태입니다. 그러니 일상생활 전반에 걸쳐 '생활 계획표'를 만들어 주세요. 행동으로 옮겨야 할 항목을 정하고 몇

시간개념을 기르는 생활 계획표

마감 시간	해야 할 일
오후 4시 30분까지	입을 옷과 양말 챙기기
오후 4시 40분까지	학원 가방 챙기기
오후 4시 50분까지	학원 버스 타는 곳에 도착하기

시부터 준비해서 언제까지 끝내면 좋을지를 훈련하는 겁니다. 가령 아이가 3시에 학원을 가야 한다면 '2시 30분까지 모든 준비를 마치기' 같은 식으로 마감 시간과 그때까지 할 일을 명확하게 정해주세요.

넷째, 숙제나 챙겨야 할 준비물을 적는 카드를 만드는 것도 하나의 방법입니다. 늘 이것을 주머니에 넣고 다니게 하면서 확인하는 습관을 들여주세요.

다섯째, 학교에 입학하면 거의 매일 숙제와 함께 가정통신문이나 준비물이 있습니다. 문제는 ADHD 아이들은 이런 것이 있어도 잊어버리고 엄마에게 아무 말을 하지 않는다는 겁니다. 이 역시 지시 사항을 기억했다가 엄마에게 전달할 만큼의 작업기억력이 따라오지 못해 나타나는 문제입니다. 그러니 이 부분에 대한 부모님의 밀착 관리도 필요합니다. 아이가 학교에서 돌아오면 선생님의 지시 사항부터 물어봐 주세요. 그리고 이를 하나의 고정적인 루틴으로 안착하면 아이도 확실히 인식하게 됩니다.

학습의 가장 큰 장애물,
주의력결핍 극복하기

노력은 제일 많이 하는데 성적은 중상위권, 등수로 치면 반에서 11~13등 정도를 맴도는 아이가 있기 마련입니다. 옆에서 보면 정말 열심히 하니 결과를 가지고 뭐라고 하기도 어렵지요. 그런데 ADHD 진단을 받은 아이들이 여기에 해당하는 경우가 꽤 많습니다. 엉덩이는 자리를 지키고 있지만 그 시간 동안 정신은 딴 곳에 가 있기 때문입니다. 책상 앞에 앉아 있는 것과 진정한 의미의 공부는 전혀 다른데 ADHD 아이들은 이 둘을 구분하지 못합니다. 물론 이 아이들에게는 책상 앞에 앉아 있는 일조차 간단한 일은 아닌 만큼 이해가 되기도 합니다.

하지만 무슨 과목이든 공부를 하려면 집중력이 필수인 만큼,

ADHD 아이라면 반드시 한번은 주의력결핍이라는 문제를 정면 돌파해야 합니다. 그러지 않으면 시간은 시간대로 쓰고 부모님은 부모님대로 지치는 상황이 올 수 있어요.

이 과목에서 저 과목으로 도망치는 아이

초등학교 4학년인 영서가 딱 이런 경우였습니다. 교육열이 높은 영서 어머님은 아이가 책상에 오래 앉아 있는 것을 좋아하며 칭찬했습니다. 하지만 실제로는 전혀 집중을 못 하고 있었지요. 특히 하나의 과제에 오랜 시간 집중하는 지속적 주의력이 부족했습니다.

게다가 영서의 책가방은 이런저런 책으로 가득 차 늘 무거웠습니다. 언젠가 영서에게 "가방에 책이 많네. 이게 다 오늘 공부할 것들이니?"라고 물었더니 그 정도는 가지고 다녀야 마음이 편하대요. 그런데 알고 보니 엄마가 좋아하니까 무겁게 들고 다녔던 거예요. 영서 어머님은 아이가 공부할 때 책상 위에 이 책 저 책 놓여 있는 것이 주의력결핍의 증상일 수 있다는 것을 몰랐습니다.

"어머님, 혹시 영서가 집중력이 떨어질 때마다 어떻게 하는지 알고 계세요? 제가 보기에는 다른 과목으로 도망가고 있어요. 수학책을 좀 보다가 주의가 흐트러지면 영어책으로 도망치는 식이에요. 어느 하나에 제대로 집중을 못 하고 이 과정을 반복하고 있는 거예요."

"그런가요? 저는 여러 과목을 공부하려는 모습이 기특하다고만 생각했어요."

"영서는 엄마한테 야단맞지도 않으면서 물리적으로 채워야 할 공부 시간은 채우는 안전한 방식을 터득했습니다. 다른 공부로 도망쳐도 공부하는 모습은 유지가 되니 이만한 방법이 없었을 거예요. 그런데 어머님도 아시듯이 이건 엄밀히 말해 공부가 아니에요."

"공부하는 척만 했던 거군요. 전 그것도 모르고……."

저는 영서 어머님께 '양보다 질'로 학습 시간에 대한 개념을 바꿔야 한다고 말씀드렸습니다. 영서는 엄마의 칭찬에 목마른 아이이기도 했는데요. 따라서 아이가 책상 앞에 앉아 있는 모습에만 의미를 부여하지 말고 제대로 집중한 부분에 대해 아낌없이 칭찬해 달라고 당부했지요.

주의력이 떨어졌을 때 ADHD를 진단받은 아이가 보이는 모습은 초등학교 저학년일 때와 고학년일 때 조금 다르게 나타납니다. 저학년인 경우 초인종 소리나 택배가 오는 소리처럼 작은

학년별 ADHD 아이의 집중력 결핍 증상

학년	행동 패턴
저학년	선택적 집중의 문제 · 공부를 하다가 지루해지면 충동적인 모습을 보인다. · 지금 해결해야 할 과제에 집중하기보다 눈앞의 자극에 주의력이 분산된다.
고학년	지속적 집중의 문제 · 긴 지문을 읽어야 하거나 오랜 시간 학습하는 상황에서 실수가 늘어난다. · 암기한 정보를 점검하지 않아 기억력 문제가 발생한다. · 한 과제에 쉽게 지루해하고 이를 해결하기 위해 다른 과제로 도망치기도 한다.

자극에 주의를 빼앗깁니다. 한편 고학년이 되면 영서처럼 지속적인 주의력결핍으로 나타나지요.

ADHD 아이의 공부,
'양'보다 '질'에 초점을 맞춰야 합니다

영서의 이야기를 들으며 우리 아이도 그렇지 않을까 걱정하는 부모님이 있으실 것 같습니다. ADHD 아이라면 초등학교 때까지는 옆에서 지켜보며 모니터링을 해주는 것이 좋습니다. 자기주도학습이 되면 좋겠지만 ADHD 아이들에게는 현실적으로 기대하기 힘든 부분이라 그렇습니다.

아이의 주의력을 키우기 위해서는 영서 어머님께 말씀드렸던 것처럼 양보다 질 위주의 학습이 되도록 유도해야 합니다.

"1시간 동안 세 과목이나 봤구나."
"문제집을 다섯 장이나 풀었네."

그동안 이렇게 아이에게 말해왔다면, 지금부터는 아래와 같이 과제를 내는 것입니다.

"한 페이지 푸는데 세 문제 이상 틀리면 휴식시간 5분 차감이야. 대신 8번 문제가 문장도 길고 어려우니 이 부분을 집중해서 풀고 정답까지 맞히면 휴식시간을 10분 더 줄게."

이렇게 하면, 아이는 그날 다른 건 몰라도 8번 문제 하나만큼은 건질 수 있습니다. 단 하나만 배워도 확실하게 아이가 집중해서 익히게 될 거예요. 다만 ADHD 아이들은 너무 밀어붙이면 질리는 경우도 많습니다. 그러니 아이에게 이렇게 말하면서 빠져 나갈 구멍을 만들어 주는 것도 방법입니다.

> "8번 문제를 보니까 단어들이 어렵네. 답은 틀려도 되지만 단어는 확실하게 정리했으면 좋겠어. 그럼 10분 더 쉽게 해줄게."

여기에서의 8번은 해당 단원의 핵심 주제와 연관된 문제일수록 좋겠지요. 이것이 한 페이지 전체를 푸는 것보다 아이에게 훨씬 의미 있는 공부가 됩니다. 이처럼 아이가 공부의 질에 초점을 맞추다 보면 집중력 문제도 자연스럽게 향상될 수 있어요.

아이가 순수하게 집중할 수 있는 시간을 고려해 주세요

마지막으로 아이들이 순수하게 집중할 수 있는 학습 시간은 얼마나 될까요? 주의력에 이상이 없다는 전제하에 초등학교 저학년은 약 20~30분 동안 집중할 수 있습니다. 고학년이라면 30분~1시간, 중학생은 최대 1시간 30분까지 질 높은 집중이 가능합니다.

초등학교에서는 40분간 수업하고 10분 쉬는데 이는 과학적으로 검증된 연구를 바탕으로 정한 것입니다. 아이의 공부 시간을 어느 정도로 잡을지 고민하신다면 학교 수업 시간을 기준으로 삼는 것도 괜찮습니다. 단, ADHD 아이들은 특성을 고려해 그보다는 10분 정도 짧게 잡으시기를 권장합니다.

부모님들이 걱정하는
다섯 가지 유형별 학습 처방

ADHD 자녀를 둔 부모님들이 공통적으로 하소연하는 내용이 있습니다. 바로 자녀가 학습과 관련해 보이는 문제 행동입니다. 일반적인 아이들도 공부를 하거나 시험을 볼 때 이런저런 미숙한 모습을 보이고 실수도 합니다. 하지만 ADHD 아이들의 경우 그 정도나 횟수가 훨씬 더 빈번하다는 것이 문제입니다. 그대로 놔뒀다가는 성장할수록 가중되는 학업과 입시를 제대로 해낼 수 있을지도 걱정이고요.

이번 장에서는 ADHD 아이들의 학습과 관련된 문제 행동을 정리했습니다. 각 유형마다 원인과 행동 패턴, 해결 방안이 다르니 하나씩 자세히 살펴보겠습니다.

	증상
충동성	· 문제나 보기를 꼼꼼히 읽지 않음. · 상세한 정보를 건너뛰고 답을 내려고 함. · 최종 결과를 기다리지 못하고 계획하지 못함. · 일대일 상황에선 비교적 수행 능력이 높아짐.
과잉행동	· 에너지를 학습 대신 행동 억제에 사용함. · 주의 집중력이 떨어지면서 산만한 행동을 보임. · 자발적으로 학습하기 어려워함. · 움직이지 않거나 침묵해야 하는 상황을 견디기 힘들어함.

주의력결핍	· 아는데도 실수로 틀리는 문제가 많음.
	· 시험을 볼 때 시간 계산을 못 해 뒤에 나오는 문
	  제는 풀지 못함.
	· 시험을 볼 때 앞장만 풀고, 뒷장의 문제는 아예
	  풀 생각을 안 함.
	· 연산을 마친 후 따로 검산하지 않음.

"문제를 대충대충 읽어요"

충동성이 높은 아이들은 문제를 끝까지 꼼꼼하게 읽지 않습니다. 예를 들어 아래와 같은 문제가 있다고 해볼게요.

문제 : 코끼리가 세 개의 병을, 코뿔소가 다섯 개의 접시를 가

지고 있습니다. 테이블 위에는 총 몇 개의 병이 놓여 있을까요? (정답 : 3개)

이 아이들은 첫 줄만 읽고 '3+5=8이네'라고 생각하다가 틀립니다. 주의 집중력이 '병의 개수'를 묻는 데까지 가지 않는 거예요. 이런 일을 방지하기 위해 소리 내어 문제를 끝까지 읽는 연습을 하게 해주세요. 그래야 문제 전체를 읽고 파악하는 훈련이 될 수 있습니다.

"문제를 순서대로 풀지 않아요"

한편 이런 고민을 털어놓는 부모님도 계십니다.

"아이가 문제 푸는 것을 보면 1번 문제를 풀다가 6번 문제로 넘어가고, 그러다가 11번을 풀고 이런 식이에요. 눈에 보이는 대로 푸는 것 같아요."

충동성이 있는 아이들은 문제를 순서대로 풀지 않습니다. 1번 문제가 쉬울 거라고 생각해 자신 있게 들이댔는데, 생각보다 어려우면 바로 흥미가 떨어지거든요. 그러면 다시 자신이 맞출 수 있을 것 같은 6번 문제로 시선이 갑니다. 가끔 진료실에 오는 아이들에게 문제집을 보여달라고 할 때가 있는데 흔히 발견되는 행동 패턴이에요.

아이가 이런 모습을 보일 때는 정답을 맞히기보다 "문제를 1번부터 10번까지 순서대로 풀면 끝나고 나서 네가 좋아하는 책을 읽어도 돼"처럼 주어진 순서대로 문제를 푸는 훈련에 초점을 맞춰주세요. 다만 아이에게 한꺼번에 너무 많은 것을 요구해서는 안 됩니다.

"뒷장에도 문항이 있는지 몰랐대요"

이 부분은 특히 주의력결핍이 두드러지는 조용한 ADHD 아이들이 많이 하는 고민입니다. 이 아이들은 저학년일 경우에는 알림장이나 받아쓰기처럼 무엇을 받아 적어야 할 때, 고학년이 돼서는 시험을 볼 때 문제 행동이 나타납니다.

"뒷장에도 문제가 있는지 몰랐어요."

"선택과목도 풀어야 하는지 몰랐어요."

"앞 문제에 집중하다가 뒤에 나오는 문제는 찍고 나왔어요."

사실 듣는 부모님은 복장이 터지는 소리입니다. 저는 이에 대한 방안으로 부모님께 '시험 보는 훈련'을 따로 해주십사 요청드리곤 합니다. 이것까지 연습해야 하나 싶지만 이런 경험이 있다면 실전처럼 문제를 풀고 OMR 카드에 제대로 마킹하는 훈련이 돼 있어야 아이가 실수를 반복하지 않습니다.

이때 아이 스스로 '문제 하나당 몇 분을 써야겠다'처럼 감을 잡도록 도와주세요. 보통은 뒤로 갈수록 문제가 더 어려워지고 주관식은 정답을 썼더라도 맞춤법이 틀리면 정답으로 인정받지 못할 수 있습니다. 그러니 반드시 끝까지 주의력을 유지할 수 있게끔 연습해야 합니다.

"공부할 때 몸을 가만두질 못해요"

ADHD 아이들의 경우, 말이 많은 것뿐만 아니라 다리를 떨거나 의자 위에서 몸을 가만히 두지 않는 경우가 많습니다. 뇌에서 가만히 있지 못하게 하는 거예요. 이때 부모님이 아이와 자세를 가지고 실랑이를 벌이면 공부에 쏟아야 할 에너지가 자세 잡기에 다 쓰여서 바닥이 나버리곤 합니다.

바른 자세에 대한 훈육도 분명히 필요합니다. 다만, 공부 시간에 병행하지 말고 별도로 시간을 내서 진행하는 것이 좋습니다. 의자에 엉덩이는 어떻게 둬야 하고, 연필은 입으로 가져가는 것이 아니라 손에 쥐어서 사용해야 하며, 다리를 떨면 안 된다는 것을 알려주세요. 이것 역시 습관이라 하루아침에 개선되지는 않을 겁니다. 제가 하나의 습관을 들일 때 최소 3개월은 잡아야 한다고 말씀드렸지요? 자세 역시 기간을 넉넉하게 잡고 고쳐나가야 합니다.

"학습지 선생님이 오시는 날이면 그날따라 더 난리를 쳐요"

선생님이 오기 전에 아이가 난리를 치는 이유는, 선생님이 오시면 그때부터 꼼짝없이 잡혀 있어야 한다는 것을 알기 때문입니다. ADHD 아이의 경우 선생님의 일방적인 가르침을 받고 문제를 풀게 하는 방식은 그다지 효과적이지 않습니다. 가르치는 사람과 소통하며 학습에 재미를 갖게 하는 게 핵심이에요.

만약 학습지 선생님과 할 여건이 안 된다면, 아이가 어려워하는 문제 딱 하나만 골라 주거니 받거니 부모님이 대화를 해보시길 추천합니다. 예를 들어 아래와 같은 문제가 있어요.

문제 : 강수량에 포함이 안 되는 것은?

①비 ②눈 ③우박 ④번개 (정답 : 번개)

강수량은 초등학교 과학 교과서에 등장하는 용어입니다. 이 문제를 풀 때 정답만 맞히고 넘어가기보다는 관련된 다양한 주제를 놓고 아이와 대화를 시도해 보세요. 일기예보나 날씨에 관한 기사를 활용하는 것도 좋은 방법입니다. 시청각 자료를 이용하면 그 순간만큼은 집중도 잘하고, 나중에 이 내용을 떠올려야 할 때 머릿속에서 쉽게 인출할 수 있을 거예요.

긴 문장을 이해 못하는
ADHD 아이의 수학 공부법

자녀가 6~7세 때 ADHD 진단을 받으면 부모님이 제일 먼저 걱정하는 것이 학업입니다. 1~2년 후에는 학교에 입학하는데 학습에 어려움을 겪을까 봐 염려되는 것이지요. 저는 특히 언어 공부를 강조합니다. 언어야말로 모든 학습의 기초가 되기 때문입니다. 수학도 언어, 사회도 언어, 국어도 언어, 과학도 언어입니다. 언어에 대한 이해가 떨어지면 과목에 상관없이 원활한 집중도 원하는 성적도 기대할 수 없어요. 특히 아이가 ADHD라면 언어능력 향상에 힘써야 합니다.

이처럼 언어능력을 아무리 강조해도 요즘은 수학이 더 중요하다며 여기에만 매달리는 분이 있을 것 같은데요. 초등학교 3

학년 연우의 어머님도 그러셨습니다.

"저희 아이가 ADHD이긴 해도 레고 블록을 좋아해요. 수학 머리가 있는 아이들이 잘한다고 들었는데 재능이 있다면 살려줘야죠."

아이의 수학 실력에 자신감을 보인 연우 어머님의 의지는 반 년도 되지 않아 꺾였습니다. 수학 머리가 있다고 생각해 아이를 영재 수학 학원에 보냈는데 적응하지 못했기 때문입니다.

문제를 이해 못 하면 답도 구하지 못해요

여전히 수학을 '숫자'에만 한정해 생각하시는 부모님들이 많은데, 요즘의 수학 문제는 부모님 세대와는 달리 스토리텔링이 기본입니다. 수준 높은 문제일수록 문장이 길고 복잡한 경우가 많습니다. 즉 문제를 이해하려면 앞 문장 내용을 기억해 뒤 문장까지 끌고 가는 집중력, 그리고 언어 추론 능력이 있어야 해요. 그런데 작업기억력이 떨어지는 ADHD 아이들에게는 이것만큼 어려운 것이 없습니다. 연우 역시 언어 이해도가 부족해 어려움을 겪었던 것이지요.

문제 : 코끼리 버스에 21명이 타고 있습니다. 첫 번째 정류장에서 5명이 내리고, 두 번째 정류장에서 3명이 더 내렸다면 버스 안에는 몇 명의 승객이 있을까요?

어른의 눈높이에서는 쉬워도 아이에게는 고려해야 할 요소가 많은 문제입니다. 13명이라고 쉽게 답을 구하는 아이도 있겠지만 ADHD 아이들은 선뜻 답을 쓰지 못합니다. 덧셈은 할 줄 알기에 어렴풋이 답을 알고 있어요. 다만 시간이 걸립니다. 어떤 시간이 걸릴까요? 질문 내용에서 '더'라는 말이 '추가로'와 같은 의미라는 확신을 갖는 데 필요한 시간입니다.

"아이가 덧셈, 뺄셈이 미숙해서가 아니라 '더'라는 개념에서 막힌 거예요. 무엇을 구하라는 건지 스스로 확신이 없어 망설이는 겁니다."

이렇게 설명하면 부모님들은 매우 어리둥절하면서도 당혹스러워하세요. 아이들에게는 '보다 더', '총', '도합'이라는 용어가 생소합니다. 일상생활에서 좀처럼 사용하지 않을뿐더러 간단하게 생각해서 답을 내리는 ADHD 아이에게는 꽤 많은 사고 과정과 인내심을 요구하는 말들이에요. 부모님이 아이의 이런 특성을 알고 계셔야 합니다.

ADHD 아이의 문장 이해도를 높이는
네 가지 훈련법

ADHD 아이들은 특히 '지시어'를 이해하고 기억하는 능력이 부족합니다. 이 부분을 자세히 짚어줄 필요가 있습니다. '무엇을 구하라는 건지 몰라서'는 다른 말로 '수학 언어가 낯설어서'입니다. 그렇다면 낯선 것을 눈에 익도록 해주면 됩니다. 몇 가지 도움이 되는 훈련법을 알려드릴게요.

① 지시어 개념을 일러주세요

무엇을 구해야 하는지를 알아야 답을 자신 있게 쓰는데, 지시어에 대한 이해가 떨어지면 답을 알아도 그러지 못합니다. 특히 수학에서 문장형 문제는 푸는 전략이 있습니다. 첫째가 중심어를 찾는 것, 두 번째는 그림을 그려가며 요구사항을 찾는 것입니다. 이 훈련이 돼 있으면 답을 쉽게 찾을 수 있습니다.

- 몇 개가 남아 있을까요. (답 : 숫자 형태)
- 누가 더 많이 가지고 있나요. (답 : 단어 형태)
- 왜 그런지 설명해 보세요. (답 : 문장 형태)
- 무엇이 더 적고 많나요. (양이 적다/ 많다, 크기가 작다/크다)

② 도구와 교구를 이용해 보세요

특히 시침과 분침이 있는 아날로그시계를 추천합니다. 초등학교 2학년이 되면 '몇 시 몇 분'을 묻는 문제가 나오는데, 디지털시계에 익숙한 요즘 아이들은 이를 어려워합니다. 가령 '12시의 시곗바늘을 그리시오'라고 했을 때 긴바늘 하나만 긋고 다음 문제로 넘어가는 식이에요. 짧은바늘과 긴바늘 두 개를 표기해야 하는데, 시침과 분침을 본 적이 없으니 틀리는 겁니다. 이밖에 '시계 방향'이나 '시계 반대 방향'이라는 개념도 요즘 아이들에게는 어렵습니다. 언어 공부라고 하면 읽고 쓰는 활동만 생각하는데 시계를 가지고 대화하면 '말하기 훈련'도 가능합니다.

③ 어휘 늘리는 데는 독서량이 절대적입니다

초등학교 3~4학년 사회 교과서만 봐도 벌써 '가치', '체계' 같은 추상어가 등장합니다. 이 역시 일상에서 잘 사용하지 않는 단어라 아이들이 힘들어합니다. 사전을 이용해 아이들이 어휘만이라도 미리 익히도록 도와주세요. 참고로 저학년 시기는 개인 역량에 따라 1,000~5,000자 이상 어휘량이 폭발적으로 늘어나는 시기입니다. 그러니 가급적 다양한 어휘를 경험하게 해야 합니다.

④ 듣기 연습으로 핵심을 파악하게 해주세요.

ADHD 아이들은 청각적으로 주어진 정보를 기억하고 처리하는 것에 취약합니다. 듣기평가나 받아쓰기를 어려워하는 이유이기도 합니다. 문제를 읽고 핵심어 부분에서 억양에 고저를 주는 방식으로 연습하는 것도 효과적입니다.

외우기에 취약한
ADHD 아이를 위한 세 가지 암기법

머릿속에 지우개가 있는 아이들

공부 중 몸을 배배 꼬기 시작하고, 실수가 잦아지면서 공부하기 힘들다고 호소하는 시기가 초등학교 5학년입니다. 이때부터는 교과서만 봐도 '헌법', '행정', '인권' 등 신문에서나 나올 법한 추상적인 개념어가 비처럼 쏟아지거든요. 개념어의 경우 단어의 뜻을 한 번 더 생각해서 정리해야 하니 ADHD 아이들은 특히나 더 어려워합니다. 어디 이뿐인가요. 추상어도 골치 아픈데 교과서의 글자 크기가 대폭 작아져요. 글밥이 많아지니 한 줄을 이해하는 데 이전보다 두세 배의 노력이 들어가야 하므로 주의 집중력이 확 떨어질 수밖에 없습니다.

ADHD 아이들의 학습에서 꼭 짚고 넘어가야 할 키워드가 작업기억력입니다. 필요한 정보를 저장하고 조작하는 뇌의 기능이라고 앞에서 설명드렸지요. '34+49=83'을 암산하기 위해서는 정답이 나오기 전까지 34와 49를 기억하고 있어야 합니다. 하지만 이 아이들은 집중을 못 하니 이 숫자들을 기억하지 못합니다. 알림장에 선생님이 불러주는 지시 사항을 적거나 받아쓰기를 할 때도 마찬가지예요. 순간적으로 내용을 기억했다가 적어야 하는데 이 과정이 잘 안 됩니다. 어떻게 보면 머릿속에 지우개가 있는 것과 같아요.

작업기억 용량을 늘리는
세 가지 암기법

기억력은 태어날 때부터 어느 정도 타고나는 부분이지만 그렇다고 해결책이 아예 없는 것은 아니에요. 필요할 때 기억을 입력했다가 꺼내 오는 전략을 구사하면 됩니다. 이중 작업기억력을 높이는 암기법이 있습니다. 초등학교 고학년부터 중고생까지 광범위하게 활용할 수 있습니다.

① 공간을 이용해 연상하기

기원전 500년경, 그리스 시인 시모니데스Simonides가 고안한 방법입니다. 동굴에서 백 명이 넘는 사람들이 모여 연회를 열었는데 중간에 동굴이 무너지면서 사상자가 나왔습니다. 누가 참석했는지 제대로 기억하는 사람이 없었는데 오직 시모니데스만이 모든 참석자를 기억해 냈지요. 이게 어떻게 가능했는지를 봤더니 공간을 이용한 시각화 연상 효과 덕분이었어요. 그는 그 동굴에서 연회를 많이 경험한 덕분에 동굴 안 곳곳을 잘 알고 있었고, 이를 통해 그곳에 있었던 이들을 하나하나 떠올리는 게 가능했던 것입니다.

예를 들어 집 안 공간과 원소기호를 연결해 볼게요. 집에 들어오면 부엌, 화장실, 거실, 큰방, 작은방, 다용도실 등이 있습니다. 이런 장소마다 암기해야 할 원소기호를 붙이는 거예요.

> "우리 집 부엌에는 칼슘이, 화장실에는 염소가, 거실엔 마그네슘이 있어."

이런 식으로 연결 지으면 기억하기도, 떠올리기도 쉽습니다.

② 의인화해 연상하기

도덕이나 사회 같은 암기 과목은 조금만 노력해도 점수를 쉽게 올릴 수 있다고 생각하시는 부모님들이 많은데 그렇지 않습니다. 작업기억력이 부족한 ADHD 아이들에게 암기 과목은 쉽지 않습니다.

5학년 사회 교과서를 보면 ADHD 아이들이 유독 힘들어하는, 지뢰밭이라고 할 수 있는 '지형' 단원이 등장합니다. 우리나라 곳곳의 지형을 배우기 시작하는데 온통 외워야 할 내용뿐이에요. 여기에 지형을 따라 발달한 각 지역의 특산물과 산업까지 있어요. 살면서 이 지식을 자연스럽게 터득한 어른들에게는 그다지 어려운 내용이 아니지만, 아이들에게는 그렇지 않거든요. 저는 아이들에게 각 지역을 의인화하는 식으로 외워보라고 조언하는 편이에요.

· 대구는 사과 무늬가 그려진 옷을 입고 있다.

· 금산은 인삼을 먹고 근육이 붙어 있다.

· 울산은 큰 배를 타고 세계 여행을 떠날 채비를 해.

이런 식으로 암기해 보라고 하면 아이들이 호기심을 가집니다. 중학생이거나 고등학생인 아이들의 경우 가끔은 비속어를 떠올려도 되는지 묻기도 합니다. 저는 머릿속에서 기억을 꺼내는 것을 도와준다면 무엇이든 상관없다고 합니다. 참고로 아이들이 문제를 풀다가 혼자 키득거리는 경우가 있는데 남에게는 말할 수 없는 것을 연상하며 암기한 경우일 때가 많습니다.

③ 앞 글자를 연결해 외우기

다음은 앞 글자를 따서 암기하는 기억법이에요. 이 방법은 저도 의과대학에 진학해 공부하면서 알게 된 것인데, 단기간에 외워야 할 것이 많을 때 꽤 유용합니다.

> STOP : 소시지, 토마토, 오렌지, 포테이토

어떤가요? 이처럼 자신만의 단어를 통해 암기할 내용을 머릿속에 착 달라붙게 할 수 있습니다. 다만 이 방법은 심리적으로 안정된 상태일 때 기억을 떠올리기가 용이하다는 점을 참고해 주세요.

초등 고학년 ADHD에게
반드시 필요한 '활동 가지치기'

주원이를 보면 아이의 기질을 파악하는 게 얼마나 중요한지 알 수 있습니다. 지금은 중학생이 된 주원이는 초등학교 6년 내내 온갖 학원을 뺑뺑이 도는 아이였습니다. 당사자인 아이는 학원을 많이 다니고 싶어 하지 않았지만, 어머님의 생각은 달랐습니다. ADHD인 주원이에게 자율성을 주면 안 된다고 생각해 아이를 강도 높게 통제하셨지요. 문제는 상황이 자기 뜻대로 흘러가야만 만족하는 어머님과 그런 어머님을 빼닮은 주원이의 갈등이었어요. 모자 사이의 긴장감은 커져만 갔고 두 사람을 잇는 유대감은 느슨해진 상황이었습니다.

그러다가 덩치도 커지고 사춘기에 접어든 주원이의 반항이 최고조에 달하면서, 마침내 어머님이 백기 투항을 하는 상황에 이르렀습니다. "그래, 네 인생이니 알아서 살아!"라며 주원이가 원하는 대로 학원도 모두 그만두게 됐지요. 그때부터 주원이는 독서실에서 혼자 공부하기 시작했는데 놀랍게도 중학교에 들어가서 엄청나게 성적이 올랐습니다. 누구도 예상하지 못한 결과였어요.

상황을 들여다보니 주원이에게는 학원 친구들이 주의를 분산시키는 요인이었습니다. 주원이가 공부를 좀 하려고 하면 친구들이 같이 간식 먹으러 나가자고 하는 등 여럿이서 우르르 몰려다니는 일 자체가 큰 방해가 됐던 것입니다. 주원이 성격이 워낙 무뚝뚝하고 속내를 드러내지 않아 어머님도 미처 이런 고충을 몰랐다고 하셨어요. 결국 어머님보다는 주원이가 스스로에 대해 잘 알고 있었던 것이었지요.

학원 끊는 게 더 싫은 요즘 아이들

사실 저는 ADHD 진단을 받은 아이들 중 이른바 '잘된 사례'가 있냐는 질문을 받으면 주원이네 집처럼 구체적인 사례는 들지 않으려고 합니다. 상담의 비밀 보장을 위해서 구체적인 사례를 말씀드리기 어렵기도 하고, 만약 어머님들께 어떤 아이가 학원을 중단하고 혼자 공부해서 성적이 올랐다는 이야기를 들려드리잖아요? 그럼 집으로 가는 길에 자녀에게 "넌 학원 다니는 게 좋아, 아니면 혼자 공부하는 게 좋아?"라며 질문을 던지시거든요. 이때 자녀의 대답이 시원찮으면 "그래서 다 싫다는 거야? 공부 안 하면 뭐 할 건데?"라는 식으로 대화가 이어져 충돌이 일어날 수 있기 때문입니다.

놀랍게도 요즘 아이들은 대체로 혼자 공부하는 것보다 학원 다니는 것을 더 선호합니다. 학원 가서 공부하는 것은 싫지만, 학원을 끊겠다고 하면 몹시 불안해합니다. 학원의 금단현상이 그만큼 심하지요.

진료실에 있다 보면 이 학원 저 학원 다니느라 파김치가 돼 들어오는 아이들이 종종 보입니다. "네가 힘들면 학원 안 다니겠다고 해도 돼"라고 말해주면 "저만 안 가는 건 싫어요"라고 대답해요. 이 심리가 궁금해서 한번은 제 딸에게 물어보니, 학원을 안 가는 것은 꼭 집을 잃어버리는 기분이라고 말하더라고요. 초등학교 저학년 때야 뭣도 모르고 엄마가 다니라는 데로 다니지만, 고학년만 돼도 이런 생각을 합니다.

그러니 설령 가방만 들고 왔다 갔다 하는 것처럼 보여도, 아이가 학원에 다니고 싶다고 하면 보내주세요. ADHD 아이들의 경우 학원에 다니면 공부 외에도 배우는 것들이 많습니다. 학원에 갈 준비부터 또래나 부모님 아닌 어른과 접촉하는 것 모두가 이 아이들에게는 좋은 사회화 훈련이 될 수 있어요.

문제는 아이가 원해서가 아니라 부모의 바람에 의해 지나치게 많은 활동을 하며 에너지를 쓸 때입니다. 제가 근무하는 병원이 속한 지역에서는 어머님들 사이에 일종의 '학원 로드맵'이 있습니다. 예를 들면 초등학교 4학년이 되면 특정 학원에 다녀야 중학교 입학 후 영어 수업을 잘 따라갈 수 있다거나, 6학년이 되면 영어 문법은 중학교 과정을 세 차례는 반복학습한 상태여야 한다거나, 국어도 일찌감치 논술 학원을 보내서 글을 이해하고 키워드를 익숙하게 뽑아낼 수 있어야 한다는 식입니다. 이밖에 체육 활동 역시 수영, 태권도, 테니스 등 2~3개는 기본으로 배우기도 하고요.

가장 중요한 것은 '딱 적절한 만큼' 다니게 하는 것입니다. 진료실에 오신 어머님들이 "여러 학원을 다니고 있는데 계속 다니게 해도 될까요? 정리하면 좋을까요?"라고 물어보실 때가 있는데, 그럼 저는 "아이가 다니고 있는 학원·과외·기타 활동, 싹 다 불러주세요"라고 하면서 하나하나 받아 적습니다. 이렇게 적어나가면서 어머님과 이야기를 나누다 보면 이 활동을 누가 원해서 하고 있는지 파악할 수 있습니다.

만약 아이의 기질과 상황을 고려해서 활동량이 많으면 줄여야 한다고 반드시 말씀드립니다. 일반적으로 초등학교 4학년부터는 학교에서 내주는 숙제나 학습량이 많아지는 시기입니다. ADHD 아이들의 경우, 학교 밖 활동이 많으면 그만큼 주의력과 에너지가 분산될 수 있어요. 그래서 반드시 학교 수업 외 활동을 점검하고 정리하는 '활동 가지치기'가 필요합니다.

단체 운동보다는 개인 운동을

단체 운동은 가급적 피하는 편이 좋습니다. 만약 경기 중에 상대방과 몸싸움을 하다가 아이가 넘어졌어요. 이때 아이가 과도한 액션을 취하거나 욱하는 모습을 보이면 화살이 이 아이에게로 날아갑니다. 그러다가 "쟤 왜 저래? 뭔가 좀 이상하지 않아?" 같은 인상을 남들에게 줄 수도 있고요. 저는 이런 일이 반복되면 그만두라고 조언합니다.

정 아이가 하고 싶어 한다면 사전에 아이와 약속을 하는 게 좋습니다. "이걸 하다가 다치거나 남을 다치게 하면 즉시 그만두는 거야"라는 식으로 말입니다. 이밖에 크고 작은 마찰이 일어나거나 축구로 인해 다른 학업에 지장이 가는 상황에 대해서는 아이와 함께 '한계선'을 협의해서 정해두세요.

처음에는 열정적으로 참여하다가 몇 차례 문제가 생기면 아이 스스로 그만두겠다고 할 가능성이 높습니다. 이때까지 기다리는 것도 방법이지만 안전과 관련된 문제만큼은 처음부터 단호하게 못을 박고 시작해야 합니다. 여기에 아이가 운동신경이 없거나 체력적으로 부담을 느낀다면 운동은 하나만 남겨두고 나머지는 가지치기하는 것이 좋습니다.

이 아이들에게 '나머지공부'는
별 효과가 없어요

ADHD 아이들이 기를 쓰고 거부하는 것이 하나 있습니다. 바로 영어단어 외우기예요. 반복해서 외우는 것을 정말 힘들어합니다. 요즘 학원은 그날 익혀야 할 단어를 다 외우지 못하면 집에 보내지 않고 나머지공부를 시키는 경우가 많은데 이건 ADHD 아이와 맞지 않는 방법입니다. 아이는 아이대로 지치고 학습효과는 기대하기 힘들거든요. 학원에 가기 싫다며 아이만 대성통곡하는 결과를 불러올 수 있어요.

아무리 잘 가르치는 학원이라도 내 아이와 안 맞으면 아무 소용이 없습니다. 영어 공부를 시키고 싶다면 강압적으로 나머지 공부를 시키지 않는 학원을 알아보거나 일대일 과외가 더 효과적입니다.

엄마의 꾸준한 관리는 언제나 필요합니다

학원이든 과외든 시키는 것에서 그치면 안 됩니다. ADHD 아이들은 양육자의 세심한 관리를 필요로 합니다. 아이들 중에는 친구가 학원에 다니는 것을 보며 자신도 보내달라고 하고선, 막상 다니기 시작하면 한 달도 못 채우는 경우도 있습니다. 쉽게 싫증을 내고 학원을 바꾸는 식으로 충동성을 해소하려는 행동이에요. 이런 모습이 보이면 부모님이 반드시 제동을 거셔야 합니다. "엄마와 약속 안 지키면 학원 그만두는 거야", "한 달에 한 번 빠지는 정도는 괜찮지만 그 이상은 안 돼"처럼 아이에게 일종의 책임을 부과해 주세요. 결과에 따라 적절한 제재나 보상이 뒤따르는 것이 좋습니다.

고액 과외 대신 대학생 과외 활용하기

자녀교육에 큰돈을 지출하기 힘든 가정이 있습니다. 그럼에도 기질이나 상태 때문에 학원보다 과외가 적합한 아이도 분명히 있고요. 이런 경우 학원비와 비슷한 금액대로 할 수 있는 과외 방법이 있습니다. 교육대학교나 일반대학교의 교육학과 재학생을 과외 선생님으로 구하는 겁니다. 멘토링처럼 학습지도뿐만 아니라 아이가 흥미를 가질 수 있는 이야기를 들려달라고 해보세요. 수업 시간 30분, 대화하는 시간 20분 같은 식으로 구성하는 것도 가성비 좋은 대안이 될 수 있습니다.

사실 ADHD 아이들의 경우 과외냐, 학원이냐 하는 학습 형태보다 더 중요한 것이 있습니다. 이 아이들에게 정말로 필요한 것은 어떤 활동이나 교육이든 그것을 통해 학습 능력과 사회성을 동시에 기르는 것입니다. 단순히 한 문제를 더 맞고 틀리는 것보다는 다른 사람과 연대하고 그 안에서 조화롭게 살아가는 훈련이야말로 가장 의미 있는 배움이 될 수 있어요. 그러니 부모님들도 학교 외 활동을 결정할 때 이 점을 충분히 고려해서 이끌어주셨으면 합니다.

틱과 ADHD, 우선순위가 있어야 합니다

고등학생인 신우는 처음 병원에 왔을 때 일곱 살이었으니, 벌써 10년째 저와 만나고 있는 친구입니다. 신우는 틱과 ADHD를 함께 가지고 있는 아이였어요. 음성 틱이 있어 흥흥거리는 소리를 내는가 하면 눈동자를 돌리는 증상까지 두 가지 틱이 나타나 부모님 걱정이 이만저만이 아니었습니다.

다행히 틱은 중학교 때 증상이 사라졌고, 현재는 ADHD도 경미해 1년에 한 번 정도만 내원하고 있습니다. 1년에 한 번만 와도 된다고 하자 스스로도 감회가 새로웠는지 잠시 침묵하던 아이가 이렇게 말했습니다.

"선생님, 저는 틱 증상이 사라졌을 때 오래된 친구를 떠나보내는 기분이었어요. 언젠가 ADHD가 없어지면 그때도 그럴 것 같아요. 그런데 저는 틱도 틱이지만 ADHD가 더 힘들었어요. 친구들하고도 잘 지내지 못했고요. 그런데 치료받는 몇 년 동안 ADHD가 아닌 저 자신에 대해 깊이 생각할 수 있었어요. 제 성향에 잘 맞는 분야가 어디일지 고민했고 그래서 찾은 분야가 고고학이에요."

이 말을 들으며 아이가 대견스럽기도 하고 너무 고마웠습니다. 제가 신우 이야기를 꺼낸 이유는 틱과 ADHD를 같이 가지고 있으면 부모님도 부모님이지만 아이가 더 힘들다는 걸 말씀드리기 위해서예요. ADHD를 진단받은 아이들 중에는 다른 뇌 관련 질환을 같이 가지고 있는 경우가 많습니다.

- 적대적 반항장애 : 40퍼센트
- 불안장애 : 34퍼센트
- 품행장애 : 14퍼센트
- 틱장애 : 11퍼센트
- 기분장애 : 4퍼센트

적대적 반항장애, 불안장애 등이 함께 나타나는 비율이 높은 편이지만 부모님들이 가장 걱정하는 질환은 아마 틱장애가 아닐까 합니다. 틱은 불수의적 동작이 나오는 것을 조절하는 뇌의 부위가 고장이 나면서 발생하는 질환이에요. 여기서 불수의적이란 '자기 뜻대로 되지 않는다'라는 뜻입니다. 아이의 의사와는 상관없이 저절로 근육이 움직이면서 틱 증상이 나타나는 것이지요.

눈을 깜빡거리다가 멈추는 일시적인 틱부터 몸 근육이 움직이는 운동 틱, 소리를 내는 음성 틱 등 틱의 종류는 매우 다양합니다. 틱 증상이 1년 이상 지속되면 만성 틱으로 자리 잡으며, 만약 두 가지 틱이 1년 이상 지속되면 투렛증후군Tourett Syndrome 이라고 부릅니다. 문제는 틱장애를 가진 아이의 50퍼센트가 ADHD도 함께 겪는다는 사실입니다. 부모님들이 눈여겨보셔야 할 부분이 바로 이 지점입니다.

틱과 ADHD, 어느 것부터 잡아야 할까요

틱과 ADHD는 비슷한 시기에 나타나 서로 영향을 주고받습니다. 틱이 심해지면 이것 때문에 더 산만해지기도 합니다. 자신도 모르게 목에서 소리가 나오니 주변 눈치가 보이지, 눈동자를 굴리느라 선생님이 말씀하시는 내용은 놓치기 일쑤지, 어떻게 집중이 되겠어요? 많은 부모님들이 이 문제로 정말 많이 힘들어

하십니다.

저를 찾아오신 한 어머님께서 이렇게 말씀하신 적이 있어요.

"남편이 퇴근하고 집에 왔을 때, 아이가 틱 증상을 보이면 말은 안 하지만 미간부터 찌푸려요. 그럼 집안 공기가 무거워지고 아이도 이걸 단번에 알아차려요. 그래서 저는 반드시 틱장애부터 고쳐주고 싶어요. 주의력 문제는 견딜 수 있어요."

틱장애에 있어 부모님들이 아셔야 할 점이, 틱은 지금 당장 어떻게 할 수 있는 질환이 아닙니다. 약을 처방하긴 하지만 틱장애는 완치를 목표로 삼지는 않습니다. 증상의 완화만 일시적으로 기대할 수 있지요. 틱과 ADHD가 말썽을 부리는 시기가 겹치면서 아이가 괴로워할 수 있습니다. 이때는 증상의 심각한 정도를 고려해 치료의 우선순위를 결정합니다.

대개 부모님들은 틱을 하루라도 빨리 없애고 싶어 하십니다. 그 심정도 이해는 되는 것이 ADHD 증상은 가만히 있으면 티가 안 나지만, 틱은 어떻게든 티가 나니 아이든 가족이든 할 것 없이 신경이 많이 쓰일 수밖에 없습니다. 그럼에도 제가 ADHD를 틱보다 우선순위에 두고 치료 계획을 세우는 이유는, ADHD는 치료만 제때 받으면 어느 정도 좋아질 수 있기 때문입니다. 따라서 저는 이런 특성과 아이가 처한 상황을 종합해 부모님들께 다음과 같이 치료 방향을 설명해 드립니다.

1. ADHD는 치료의 적기를 놓치면 평생 악영향을 미치는 만큼 치료의 1순위로 삼습니다.

2. 단기간에 틱 증상을 완화할 수는 없으니 이 부분은 주치의에게 맡겨주세요.

3. 아이에게 하지 말라고 하는 대신, 마음을 편하게 갖고 충분한 휴식을 취할 수 있도록 도와줍니다. 단, 숙제나 반드시 해야 할 활동의 책임을 덜어주는 것은 좋지 않습니다.

4. 틱 증상을 자주 보이거나 학업 및 친구 관계에 지장을 초래하는 경우, 틱 증상으로 인해 통증이 있는 경우, 음성틱(욕설, 기침소리 등)이 나타나는 경우에는 주치의와 반드시 상담하셔야 합니다.

여러 상황을 고려한
치료의 우선순위가 필요합니다

물론 아이의 상태 변화에 따른 세심한 조절이 필요합니다. 신우 역시 ADHD 약을 먹으면서 초등학교 3학년 즈음에 틱 증상이 심해진 적이 있었습니다. 음성 틱의 빈도가 잦아진 것이었지요. 이를 대처하기 위해 ADHD 약물 복용량을 절반으로 줄여 틱 증상을 잡아나갔습니다. 저뿐만 아니라 주치의라면 '틱은 많이, ADHD는 조금 좋아진 상태'와 '틱은 조금, ADHD는 많이 호전되는 방향'을 두고 상황에 맞게 융통성을 발휘할 겁니다.

약의 균형을 맞추는 것도 중요하지만 ADHD가 적기에 치료돼야 하는 만큼 이 부분에 대한 고려도 필요합니다. 신우도 고백했듯이 아이들은 틱 못지않게 ADHD로 인해 마음고생, 몸 고생을 정말 많이 합니다. 어릴 때는 부모님께 집 밖에서 겪은 억울하고 속상한 일에 대해 숨김없이 털어놓지요. 하지만 머리가 크기 시작하면 혼자서 끙끙 앓는 경우가 부지기수입니다.

특히 과잉행동형 ADHD인 아이들은 일부러 그러는 것이 아닌데 모든 언행이 과하니 사람들의 눈총을 받기가 쉬워요. '저 어른이 왜 나를 이상하게 보지?'라는 느낌을 자주 받는 것은 결코 아이에게 좋지 않습니다. 이 과정에서 2차 상처를 입기 때문이에요.

게다가 틱에만 우선순위를 두고 ADHD 치료를 손에서 놓으면 사회성 발달이나 교우 관계의 문제 등 계속해서 다른 문제가 나타나 아이를 괴롭힐 수 있습니다. 틱이 사라진 그 자리에 다른 문제가 찾아오는 거예요. 그러니 이를 방지하기 위해서라도 틱과 ADHD가 같은 시기에 나타날 경우 ADHD 치료가 적기에 이뤄질 수 있도록 하는 것이 좋습니다.

PART 6

사춘기

폭풍 같은 ADHD 아이의 사춘기,

현명하게 극복하기

ADHD 자녀의 사춘기,
이것만은 반드시 알아두세요

유아기나 아동기에 있는 아이들은 양육자에 대한 '이상화 Idealization'를 합니다. 특히 엄마가 없으면 생존을 못 하는 만큼 엄마를 절대자로 느끼곤 하지요. 그러다가 아이가 성장해 사춘기에 접어들면 그때까지 가지고 있었던 이상화에서 벗어나는 '탈이상화'를 거칩니다. 이 과정에서 부모와 아이에게는 서로 다른 반응이 나타나지요.

· 과소
자녀는 부모의 영향력을 평가절하합니다. 더 이상 예전처럼 부모를 대단하게 여기지 않습니다.

- 과대

  부모는 자신의 영향력을 과대평가합니다. 부모 눈에 자식
  은 영원히 아기일뿐더러, 경제적으로 자녀를 지원하는 입
  장이니 자신이 건재하다고 믿습니다.

- 늦은 자각

  한참이 지나 부모는 어느새 자녀가 성장했음을 깨닫습니
  다. 톱니바퀴처럼 이 모든 과정이 맞물려 돌아가면 큰 문제
  가 없지만 안타깝게도 어긋나는 경우가 많습니다.

종합하면 자녀의 사춘기는 그동안 부모가 아이를 키우며 느
껴온 전능감이 차츰 사라지는 과정입니다. 그러다 보니 부모 입
장에서는 "네가 지금 머리 좀 컸다고 엄마 아빠를 무시해?", 딱
이 감정을 느끼기 쉬운 것이지요. 요즘은 초등학교 3학년만 돼
도 사춘기에 접어드는 아이들이 있을 만큼, 부모에 대한 전능감
이 사라지는 시점이 굉장히 빨리 시작됩니다. 여기서 짚고 넘어
가야 할 것이 ADHD 아이들의 사춘기입니다.

부모를 바라보는 관점이
급격히 바뀌는 사춘기

ADHD를 앓고 있는 중학생 동현이는 1년 넘게 아빠와 냉전 중입니다. 한집에서 살면서 밥을 같이 안 먹는 것은 물론 말도 섞지 않고 있어요. 동현이 아버님이 아들이 친구와 주고받은 메신저의 내용을 본 것이 사건의 발단이었습니다.

"꼴에 부모라고. 평소에 해준 것도 없으면서 큰소리는 왜 치는 거야?"
"종손 같은 소리 하네. 내가 이 집의 대를 끊어놓을 거야"

동현이가 친구와 주고받은 메신저 내용은 아버님에게 충격 그 자체였어요. 부족함 없이 키웠는데 해준 것도 없다는 말과 특히 종손인 아들이 대를 끊어놓겠다는 철없는 소리를 하는 것에서 아버님은 너무나 화가 났습니다. 아버님은 곧장 동현이에게 "아무짝에도 쓸모없는 자식 같으니라고", "아들 하나 없는 셈 치고 살겠다!"라며 퍼부었고, 이렇게 해서 아버지와 아들 간의 냉전이 시작된 것이었지요.
이런 상황에서 부자의 갈등을 중재할 여력이 없었던 동현이 어머님이 제게 도움을 요청하셨습니다. 동현이가 ADHD를 앓고 있긴 하지만, 유난히 부모님의 권위를 인정하지 않으려는 모습을 보인다는 말에 곰곰이 따져봤습니다.

두 가지 문제가 있었습니다. 우선 동현이 어머님은 감정이나 표정 변화가 크지 않으셨는데 색깔로 치면 옅은 회색 같은 분이셨습니다. 아이의 말이나 행동에도 크게 반응하지 않으셨지요. 그리고 아버님은 일 때문에 자주 해외를 드나들다 보니 동현이와 함께할 시간이 적었습니다. 그래서 동현이는 어릴 때부터 외로움을 느끼며 자랄 수밖에 없었습니다. 동현이가 친구들과 나눈 메신저 내용을 자세히 살펴보니 날카로운 말 뒤에는 부모님의 관심을 바라는 아이의 속내가 숨어 있었습니다.

"꼴에 부모라고. 평소에 해준 것도 없으면서 왜 큰소리친대?"
→ 내 엄마 아빠인 것은 맞아. 그런데 그동안 나한테 얼마나 관심을 있었다고?

"종손 같은 소리 하네. 이 집의 대를 끊어놓겠어."
→ 나 지금 화났어. 이 집이 불편해.

결국 아이는 부모님의 관심이 필요하다는 말을 이런 식으로 표현하고 있었던 겁니다. 아버님과 어머님 두 분 다 그것을 몰라서 이토록 극심한 갈등으로 이어진 것이었지요.

ADHD의 충동성, 사춘기에는 더욱 커질 수 있습니다

두 번째로 짚어볼 것은 동현이가 ADHD 진단을 받은 아이라는 사실입니다. 크면서 별일이 없었던 아이라도 사춘기가 시작되면 부모님들이 힘겨워하시는데 ADHD 아이들은 변화의 진폭이 더욱 큽니다. 청소년기 ADHD는 과잉행동이 줄어드는 대신, 충동성과 주의력결핍으로 인한 어려움이 커지는 것이 특징입니다. 부모를 비롯해 가족들에게 날카로운 말이 나오기도 하고, 음주나 흡연 충동으로 이어지기도 합니다. 따라서 ADHD 자녀를 둔 부모님은 아이가 이전보다 문제 행동이 악화됐을 때 사춘기에 따른 변화를 염두에 두셔야 합니다.

오른쪽 표는 사춘기에 접어든 청소년기 ADHD 아이들에게 어떤 문제 행동이 나타나는지 정리한 것입니다. 기본적으로는 아동기와 비슷한 말과 행동을 보이지만, 특히 충동성이 강해지면서 더욱 과격하고 산만해지는 것이 특징입니다. 이러한 특징

272

아동기와 청소년기의 ADHD 증상 비교

	아동기	청소년기
과잉행동	· 가만히 있지 못하고 계속 움직인다. · 적절하지 않은 곳에서 뛰고 기어오른다.	· 계속 앉아 있어야 할 때에도 잠시 자리를 뜬다. · 오래 앉아 있을 때 손을 만지작거리거나 타인을 방해한다.
충동성	· 다칠 수도 있는 위험한 행동을 한다. · 자신의 순서를 기다리지 못한다.	· 욕을 한다. · 다른 사람의 말에 끼어든다. · 엉뚱한 말을 하며 생각하는 것을 귀찮아한다. · 음주나 흡연 등을 시도한다.
주의력결핍	· 집중을 못한다. · 과제를 마치지 못한다.	· 학업에 집중을 못 한다. · 할 일을 미룬다. · 복잡한 과제를 힘들어하고 끝내지 못한다. · 동기나 의욕이 저하된다.

을 바탕으로 자녀가 어느 범주에 속하며 주로 어떤 증상을 보이는지 알고 계시면 아이를 좀 더 이해하실 수 있을 겁니다.

한 가지 다행스러운 소식을 전하면 ADHD 아이들 중 40퍼센트 정도는 12~20세 사이에 다시 증상이 좋아진다는 사실입니다. 가끔 ADHD 자녀의 사춘기로 힘들어하는 부모님들께 "이 또한 지나갑니다"라는 말씀을 드립니다. 아이가 ADHD를 겪지 않아도 사춘기에 접어들면 부모 입장에서는 아이를 대하기가 결코 쉽지 않아요. 아이가 몸집도, 자기 주관도, 고집도 커지더라도 아이의 손을 놓지 말고 현명하게 지나쳐 주세요. 아이가 잠시 방문을 걸어 잠그는 일은 있더라도, 부모님에 대한 마음의 문까지는 닫지 않도록 해야 합니다.

아이에게도 존중해 줘야 할 '사생활'이 있습니다

앞에서 설명드렸듯이 사춘기에는 ADHD 증상이 더욱 극대화됩니다. 안 그래도 힘든데 게임, 음란물, 그밖에 온갖 자극적인 것들까지 힘을 보태거든요. 여기에 학교에서 지내는 기간이 길어지는 데다가 학습량과 조별 과제까지 늘어나 아이들에게는 꽤나 힘든 시기가 됩니다. 옆에서 그 모습을 지켜보는 부모님도 답답하고 힘들기는 매한가지예요. 그러다 보니 어릴 때 진단을 받고 꾸준히 치료에 따르던 아이들도, 웬만큼 내공이 쌓인 부모님도 지치는 시기이기도 합니다.

'집'과 '방'은
아이에게 전혀 다른 공간입니다

어머님들은 내 속으로 낳았으니 자식을 다 안다고 생각하시는데 이건 착각입니다. 사춘기에 접어든 아이들은 본인도 자신이 이걸 모릅니다. 모든 게 과도기라 '아직 만들어지지 않은 나'와 살아가는 존재가 사춘기 아이들이에요. 아이도 자신을 모르는데 어떻게 엄마가 알 수 있겠어요. 모르는 게 당연합니다.

그런데 이런 상황에서 어머님들은 한 테이블에 앉아 그동안 못다 한 대화를 해보겠노라며 공익광고 속 가족사진에나 나올 법한 그림을 꿈꾸시는 경우가 많습니다. 문제는 이것이 어머님만의 '판타지'라는 겁니다. 세진이네도 이 문제로 큰 소동이 일어났습니다. 어머님이 정성껏 차려놓은 밥상은 본체만체하고 아이가 자기 방으로 들어가서는 치킨을 시켜 먹은 거예요. 어머님은 당연히 폭발하셨지요.

"너 태도가 그게 뭐야? (발로 치킨을 툭툭 치며) 이건 뭔데?"

"아, 뭐가?"

"엄마가 밥 차려놨는데 치킨을 시켜? 그리고 너 맨날 편의점에서 군것질하는 거 엄마가 모를 줄 알아? 그런 거 먹으면서 공부에 집중할 수 있겠어?"

"몰라. 됐으니까 나가!"

"되긴 뭐가 돼! (책상 위 문제집을 들추면서) 이거 보기는 하니?"

"아, 짜증 나니까 내 방에서 나가라고!"

이 정도면 상황이 어땠는지 상상이 되실 거예요. 사춘기 아이들은 엄마가 자기 방에 들어오는 것을 극도로 싫어합니다. 그 누구도 허락 없이 들어와서는 안 돼요. 세진이가 집에 오자마자 자기 방에 들어갔다는 것은 집 밖에서 뭔가 안 좋은 일이 있었다는 신호입니다. 이런 상황이라면 어머님이 '일 보 후퇴'를 했어야 했는데 아쉽게도 어머님은 '일 보 전진'을 선택했어요.

세진이는 유치원생일 때 ADHD 진단을 받았는데, 자기 물건이나 공간이 함부로 다뤄지는 것에 급발진이 걸리는 아이였습니다. 그러다 보니 어릴 때부터 옆에 누가 오면 충동성과 공격성을 보였지요. 후각과 촉각이 예민하다 보니 자신에게 익숙하지 않은 냄새를 맡는 것, 모르는 사람의 몸이나 가방이 피부에 닿는 것을 극도로 싫어했습니다. 혼자서 테이블 하나를 다 차지해야 하고, 유치원 버스에 탈 때도 좌석 두 칸을 다 쓰려고 들어 할머니가 자가용으로 데리고 다녔습니다. 꾸준히 치료한 결과 청소년기에 이른 지금은 이러한 성향이 많이 줄었지만, 자신의 공간에 누가 들어오는 것에 대해서는 여전히 강한 경계심을 드러내는 편이었지요.

더욱이 지금은 내 뜻대로 하려는 '마이웨이'가 강한 사춘기입니다. 이 시기에는 평소에 안 그러던 아이도 방문을 잠그기 시작하고, 자신이 없는 사이에 부모가 자기 방을 청소하거나 물건에 손댄 흔적이 있으면 기겁을 합니다. 부모님 입장에서는 속이 타도 '닫혀 있는 문'이 기본값이라고 생각해야 하는 시기예요. 하물며 세진이는 어떻겠어요. 세진이 어머님은 도무지 아이를 어떻게 대해야 할지 모르겠다며 고개를 절레절레 흔드셨습니다.

사춘기 우리 아이,
'급발진 지점'을 파악하세요

일하던 어머님들이 직장을 그만두시면 그때부터 애써 자녀에게 잘해주려는 경향이 있습니다. 하지만 이건 청소년기 자녀에게는 그다지 통하지 않고 오히려 역효과가 나기 쉬워요. 이럴 때는 이것저것 엄마가 생각한 것을 해주려고 하기보다는 자녀가 싫어하는 것부터 하지 않는 게 우선입니다. 아이가 무엇을 싫어하는지 알려면 시간을 두고 관찰을 해야 하지요. 그래야만 아이가 급발진하는 지점은 무엇이고 존중해 줘야 할 사생활이 무엇인지 감을 잡아나갈 수 있습니다.

세진이처럼 자기 공간과 경계를 중시하는 아이에게는 요청하지 않은 밥상을 차려주는 것보다 "아들, 엄마가 오른쪽 다리만 네 방에 들여놓아도 될까?"라며 허락을 구하는 편이 훨씬 좋은 방법이에요. 그러면 아이가 "뭐래?"라며 퉁명스럽게 말하겠지만 묵언의 긍정 사인을 보냈을 거예요. 아이가 사춘기에 접어든 ADHD라면, 아이가 특히 예민하게 느끼는 부분을 얼마나 잘 다루느냐가 충동성을 다루는 열쇠라는 점을 기억해 주세요.

참고로 엄마와 사춘기 자녀 사이에서 빠지지 않는 갈등의 주제가 바로 배달 음식과 편의점 음식입니다. 많은 어머님들이 집밥, 삼시 세끼, 유기농에 집착해 편의점 음식이나 패스트푸드 등에 매우 엄격합니다. 그런데 알아두셔야 할 점이 요즘 아이들에게 편의점은 하나의 '문화'입니다. 문화를 소비하러 편의점에 가는 거예요. 초등학생부터 고등학생에 이르기까지, 제가 진료실에서 만난 아이들은 치킨과 편의점 음식 없이는 단 하루도 못사는 존재입니다. 에너지 드링크, 젤리, 음료 등에 정말 진심이거든요.

또래와 소통하는 수단으로서 젤리를 사는 것이라면, 그건 아이가 단순히 군것질을 하는 게 아니라 문화상품을 소비하는 거예요. 이런 아이들의 문화를 부모님이 이해하고 존중해 주셔야 합니다.

자랄수록 커져가는
인정욕구를 헤아려 주세요

2020년대를 살고 있는 청소년기 아이들에게 빠질 수 없는 이슈가 바로 게임입니다. 특히 ADHD 아이들에게 게임은 오감을 자극하는 백화점입니다. 어른들이 봐도 화려한 그림체는 물론이고 웅장한 효과음으로 눈과 귀를 즐겁게 해주잖아요. 흰색은 종이, 검은색은 글자인 책보다 훨씬 재미있을 수밖에요. 더욱이 필살기 아이템을 구매하면 내 캐릭터가 업그레이드되면서 더욱 화려한 시공간으로 데려갑니다. 이뿐만이 아니에요. 가상 세계에서는 단기간에 영웅이 될 수도 있게 해줍니다. 이처럼 게임은 청소년들의 모든 판타지를 채워줍니다.

물론 경향성이 그렇다는 뜻이지 ADHD 아이들이라고 해서 반드시 게임에 빠진다는 의미는 아닙니다. 활동성이 큰 아이들은 몸으로 노는 것을 좋아해 밖에 나가서 축구하자고 하면 바로 컴퓨터를 끄기도 하거든요. 반면 집에 있는 것을 좋아하는 아이들은 엉덩이가 아주 많이 무겁습니다. 게임의 유혹에 빠지기 쉬운 유형이지요.

"친구들에게 인정받고 싶어요"

상우를 처음 만난 건 상우가 초등학교 2학년 때였습니다. 학습지 선생님과 연산 놀이를 하는데 선생님이 몇 번이고 이름을 불러도 미동도 하지 않는 모습을 본 어머니가 자폐증을 의심하고 병원에 데리고 오셨어요. 검사 결과 상우는 자폐증은 아니었지만 조용한 ADHD 진단을 받았습니다.

지금의 상우는 보통의 또래 아이들처럼 게임에 죽고 게임에 사는 아이예요. 다만 주의력결핍 문제가 있는 탓에 게임을 하다가 학원 셔틀버스를 놓치고, 아빠의 스마트폰으로 게임 아이템을 300만 원어치 결제한 적도 있습니다. 한번은 상우에게 이렇게 물었습니다.

"상우야, 게임이 그렇게 재미있어? 왜 재미있니?"

"음, 말을 안 해도 친구들과 재미있게 놀 수 있어서 좋아요."

상우의 대답에는 많은 의미가 함축돼 있습니다. 상우는 말하는 것을 어려워하는 아이예요. 당연히 말재주나 유머감각으로 친구들 사이에서 존재감을 드러내는 아이가 아니었어요. 또 왜소한 자기 체구를 의식한 탓인지 몸으로 하는 활동이나 운동도 싫어했고요. 다시 말해 말이나 운동으로는 친구들 사이에서 존재감을 드러낼 수 없었던 거예요. 그에 비해 게임을 할 때면 아주 쉽게 인정받을 수 있었어요. 레벨 업이 될 때마다 친구들의 엄청난 반응이 쏟아지니까요.

이건 상우만 느끼는 감정이 아닙니다. 대다수 아이들이 게임에 빠져드는 이유는 이처럼 친구들 사이에서 인정욕구를 느낄 수 있기 때문이에요. 특히 남자아이들 사이에서는 게임 잘하는 아이의 위상이 굉장히 큽니다. 친구들끼리 같은 시간대에 접속해 게임을 하는데, 이걸 잘하면 그때만큼은 아이들이 인정해 줍니다. "이 게임 할 때는 걔 불러"라는 식으로 말이지요.

이처럼 게임이 소통 수단으로 작용하고 소극적이던 아이들이 게임을 통해 또래 집단에 받아들여지는 겁니다. 또래 집단에서 인정받는 것은 결코 부모가 대신 해줄 수 있는 것이 아닙니다. 그러니 적어도 게임의 이런 순기능에 대해서는 부모님이 존중해 주셔야 합니다. 어떤 어머님은 아이가 친구들과 게임에 대해 이야기하는 것을 질색하며 호통치시는데, 절대 그래서는 안 됩니다. 오히려 아이 친구들 앞에서 "너네들 게임도 제대로 못 하면 알아서 해. 아줌마가 지켜볼거야"라고 말해보세요. 아이 친구에게서 "너네 엄마 센스 있다!", "넌 좋겠다!"라는 탄성이 나올 겁니다. 일단 아이의 기를 살려준 다음 게임에 대한 원칙을 정해나가면 됩니다.

게임, 허용은 하되 명확한 원칙을

게임 시간을 자녀와 함께 결정하는 것도 중요합니다. 먼저 아이에게 "얼마나 했으면 좋겠어?"라고 물어보세요. 아이들이 대체로 약속한 시간을 초과하는 경우가 많으니, 이때는 어떻게 할지도 미리 협의하는 것이 좋습니다. 단 확률성 게임이라고 해서 도박처럼 위험한 게임도 있으니 여기에 빠지지 않도록 가이드는

게임 원칙 정하기의 예시

· 초과한 시간만큼 다음 날 시간에서 제한한다(주간 총 게임 시간 정하기).
· 초과한 다음 날 하루는 게임을 하지 않는다.
· 고액의 아이템을 결제하거나 연속해서 시간을 초과하면 스마트폰을 반납한다.

마련해 둬야 합니다.

만약 약속한 시간보다 게임을 더 많이 해서 아이를 훈육할 때 스마트폰 압수는 최후의 보루로 사용해야 합니다. 이 시기 아이들에게 스마트폰은 두 번째 자아입니다. 너무 쉽게 가져가면 큰 사달이 일어날 수 있습니다. 혹시 자녀가 "다른 집은 더 오래 하게 해주는데 왜 우리 집만 이래?"라고 대들면 "자제력 훈련이야"라고 말해주세요. 다른 아이라면 몰라도 ADHD 아이에게는 자제력 훈련이라는 키워드가 어느 정도 효과를 발휘합니다.

엄마 : 오늘 게임 얼마나 했지? 꽤 오래 한 것 같은데? (사용 시간을 확인하려 함)

아들 : 잠깐, 이것만 하고! (스마트폰을 건네려 하지 않음)

엄마 : 게임 끝나고 시간 확인할게.

아들 : (잠시 후) 게임 끝났어.

엄마 : 오늘 사용 시간을 보니까 20분 정도 초과했네. 내일 하루는 스마트폰 못 쓰는 거다?

아들 : 아, 이런 걸 왜 하는 건데?

엄마 : 자제력을 연습하는 거야. 네가 평소에 생활을 잘하려면 꼭 필요한 훈련인 거 알지?

앞서 편의점 군것질에 대한 관점을 바꿔야 한다고 말씀드렸습니다. 마찬가지로 부모님들께 게임에 대해서도 다르게 생각해보시라는 말씀을 드리고 싶습니다. "게임은 무조건 근절해야 한다", "아이의 학습을 방해할 뿐이다"라는 관념에서 벗어나야 이 문제로 자녀와의 전쟁을 피할 수 있어요. 특히 아이가 사회성이 떨어지는 ADHD라면 게임에 몰두할 가능성이 높아지는 만큼 부모님도 게임에 대해 알고 있으셔야 합니다.

예를 들어 아이가 로블록스Roblox 게임을 좋아한다고 해볼까요. 현실과 가상이 융합된 세계를 가리키는 메타버스Metaverse에 대해 들어보셨지요? 로블록스는 대표적인 메타버스 게임 플랫폼으로 '초통령 게임'이라고 불릴 만큼 초등학생들에게 인기가 높습니다. 이 게임을 통해 아이들은 가상 세계에서 자신만의 캐릭터를 만들어 다른 이들과 친교를 나누고 경제활동을 하는 등 현실 세계에서와 같은 상호작용을 하고 있습니다. 이미 아이는 부모님조차 잘 모르는 메타버스에 발을 들여놓고 있던 거예요. 이런 행동을 무조건 칭찬하라는 소리가 아닙니다. 로블록스에 접속해 어떤 게임이 있고, 여기서 무슨 일이 벌어지는지 부모님도 알아두시라는 의미입니다.

로블록스 플랫폼에 접속해 탈출 게임 피기piggy가 요즘 인기가 많다는 사실을 알았다면 아이 옆에 가서 툭 한마디 던져보세요. "피기 재밌더라. 금고를 열어야 하는데 흰색 열쇠였나?"라고 말이에요. 그럼 아이는 어깨를 으쓱거리며 "그게 아냐, 엄마. 금고는 보라색 열쇠로 열어야지!"라면서 엄마가 잘못 알고 있는 정보를 정정해 줄 거예요. "맞다. 흰색 열쇠는 탈출용이었지!"라고 받아치면 그때부터는 아이가 엄마를 다르게 보기 시작합니다.

아이는 언제까지고 그 모습 그대로 있지 않습니다. 아이가 성장해 나간다면 부모님도 거기에 맞춰 달라져야 합니다. 그렇게 할 때 ADHD 자녀와 함께하는 시간 동안 지치지 않고 한 걸음 한 걸음 나아갈 수 있으실 겁니다.

말문 닫는 사춘기 아이와
제대로 대화하는 법

가끔 "아이가 저한테 말을 하기 싫어해요"라고 하소연하시는 부모님들이 있습니다. 주로 자녀와 좀 더 많은 시간을 집에서 보내는 어머님들이 이렇게 말씀하시는 경우가 많은데요. 사춘기에 들어선 아이 입장에서는 자신의 일상에 대해서 미주알고주알 부모와 공유할 필요성 자체를 느끼지 못합니다.

엄마 : 무슨 일 있어? 표정이 왜 그래?

아들 : (귀찮다는 듯이) 별일 아냐.

엄마 : 무슨 일인데?

아들 : 별거 아니라고. 그냥 친구랑 싸웠어.

> 엄마 : 왜? 무엇 때문에 싸운 거야?
>
> 아들 : 아이, 몰라. 신경 쓰지 마.

엄마가 더 알고 싶다는 신호를 보냈음에도 아이가 귀찮아하거나 말하기 싫어하면 거기서 마무리를 지어야 합니다. 어른이든 아이든 할 것 없이 사생활을 캐묻는다는 느낌이 들면 입을 다물기 마련입니다. 더욱이 좋은 일도 아니고 불쾌한 일을 다시 떠올리면 그때 느꼈던 나쁜 감정이 복기되는데 누가 이걸 반기겠어요? 이때는 "그랬구나, 알았어" 정도의 가벼운 반응만 보이고 대화를 일단락 짓는 편이 좋습니다.

이후 아이가 기분이 풀려 스스로 왜 싸웠는지 말을 꺼냈을 때 들어주고, 현재 아이의 감정에 공감하며 위로하면 됩니다. 설교할 필요도, 그럴듯하게 말할 필요도 없어요. 아이가 스스로 감정이 풀리면 친구에게 화해를 요청하거나 아니면 훌훌 털어버리기가 쉬워집니다. 집에서 받은 충분한 감정적 위로야말로 아이의 사회성 발달에 큰 뒷받침이 됩니다.

여기서는 사춘기 자녀의 호응을 이끌어 낼 수 있는 대화법의 핵심 세 가지를 알아보겠습니다.

① 묻기 : "오늘 무슨 일 있었니?"

잘못을 추궁하거나 심문하듯이 접근해서는 안 됩니다. 단순히 말투의 문제가 아니라 정말 자녀의 일상이 궁금하고, 대화를 나누고 싶은지 생각해 보세요. 말투만 친절하고 그 안에 진심이 없으면 아이들은 틀림없이 알아차리거든요. 아이가 "엄마는 내가 궁금하기는 해?", "쇼하지 말고 내 방에서 나가!"라며 공격적으로 받아치는 경우가 있는데 대부분 이런 이유 때문입니다.

사춘기 아이들은 대답이 없는 게 정상입니다. 말의 총량이 100이라면 친구들과 대부분의 말을 나누느라 부모에게 해줄 말이 없는 시기예요. 따라서 부모가 '나를 무시해?'라는 마음에 자꾸 캐내려고 하면 반발심만 들 수 있어요. 이렇게 접근하다가 자녀와 사이만 틀어지는 경우가 많습니다. 아이의 기분이 풀렸을 때, 기분이 좋을 때 다시 접근하세요.

자녀에게 듣고 싶은 답이 정해져 있지 않은지 스스로에게 물어보세요. 사춘기 아이들은 답이 정해진 상태에서 의견을 묻는 것을 가장 싫어합니다. 이 역시 대화 단절을 부르는 안 좋은 대화법입니다.

② 반응 : "아, 그래?"

대화를 할 때 상대방의 반응이 심드렁하면 이야기를 나누고 싶은 마음이 사라집니다. 아이들 역시 마찬가지예요. 눈 마주치기, 고개 끄덕이기, 이해가 안 되면 고개를 갸우뚱하기, "아, 그래?" 정도의 반응을 보이는 것으로도 아이는 부모와의 대화가 계속할 만하다고 생각할 겁니다. 짧고 굵게 표현한다는 생각으로 반응해 주세요.

자녀가 말할 때 다른 일을 하면서 대답하는 것 역시 삼가야 합니다. 이렇게 되면 아이 입장에서는 '말하면 뭐 해? 제대로 듣지도 않으면서'라고 생각할 수 있어요. 아이가 말하다 말고 자기 방으로 들어가는 이유이기도 합니다.

③ 상황 · 감정 정리 : "네가 정말 억울했겠구나"

· 상황 정리
  자녀의 말을 시간이나 논리순으로 정리해 자녀에게 다시 제시해 보세요. 부모님이 제대로 이해했는지 확인하는 과정입니다.

· 감정 정리

부모가 그런 상황에 놓였다면 어떤 느낌이 들었을지 감정
을 이입해 보고 표현해 주세요.

PART 7

ADHD와 약물 치료, ──

이것이 궁금해요

약물 치료,
이런 때는 반드시 필요합니다_ 안전의 문제

감기에 걸리면 처방을 받아 약을 복용하는 것처럼 ADHD 도 마찬가지입니다. '약'이라고 하면 거부감을 보이거나 부담 스러워하시는 부모님도 계시지만, 전 세계적으로 약물 치료는 ADHD를 치료하는 가장 보편적인 방법 중 하나입니다. 물론 ADHD 진단을 받았다고 해서 모든 경우에 약을 쓰지는 않습니다. 아이의 상태에 맞춰 세심하게 약을 사용해야 하지요.

우리나라 식품의약품안전처에서는 정신과에서 사용하는 약물을 굉장히 엄격하게 관리하고 있습니다. 특히 어린이의 경우 만 6세 이상이어야 약물을 처방할 수 있지요. 하지만 만 6세가 되지 않았더라도 다음의 두 가지 문제 상황이 나타나면 주치의 선생님과 상의해 약물 치료를 고려해 봐야 합니다. 하나는 '안전 문제', 또 하나는 '언어 문제'가 나타날 때입니다. 여기서는 먼저 안전 문제가 엮인 상황부터 살펴보겠습니다.

본능적으로 몸부터 움직이는 ADHD 아이들

"선생님, 제가 호진이한테 눈을 뗄 수가 없어요. 몇 번을 말해 줘도 횡단보도 신호가 초록불로 바뀌면 냅다 앞만 보고 달려가요. 이러다가 또 무슨 사고 나는 건 아닌지 제 가슴이 늘 두근거린다니까요."

초등학교 2학년 호진이는 아파트 단지에서 '119맨'으로 유명합니다. 물총을 가지고 놀다가 앞을 못 본 나머지 자전거와 부딪쳐 갈비뼈에 금이 가는가 하면, 집 바로 앞에 있는 학교에 갈 때 횡단보도 신호가 바뀌자마자 뛰쳐나가다가 택시에 치인 적이 있었기 때문이에요. 이런 식으로 여러 번 다치는 일을 겪고 보니 호진이 어머님은 아이에게 눈을 뗄 수가 없다며 하소연하십니다.

ADHD 아이들은 어떤 것에 주의가 집중되는 순간 주변을 살피지 않고 바로 몸부터 나가곤 합니다. 가령 횡단보도 신호가 초록불로 바뀌자마자 엄마 손을 뿌리치고 도로로 뛰쳐나간다든가, 계단이나 엘리베이터 안에서 위험하게 행동한다든가, 불 가까이에 간다든가 하는 식의 행동을 보입니다. 심지어는 차를 타고 가고 있는데 자신이 내리고 싶은 곳에 내려주지 않으면 안전벨트를 풀어버리기도 합니다. 이러다 보니 어쩌다 한두 번이면 다행이고, 여러 번 비슷한 사고를 당해 응급실에 오는 비율도 굉장히 높아요. 또 어린이집이나 학교에서 다른 친구나 선생님을 다치게 하는 경우도 빼놓을 수 없습니다. 음식을 먹다가 수저를 집어던지거나 친구를 향해 위험한 동작을 하는 경우이지요.

그래도 어쩐지 약물에 거부감이 드는 부모님께

이처럼 안전 문제와 직결되는 수준이라면 반드시 약물 처방이 필요합니다. 그래야만 아이 본인은 물론 남들의 안전과 생명을 위협하지 않기 때문입니다. 그럼에도 약을 처방하자고 하면 부모님들은 굉장히 걱정하시곤 합니다. 특히 ADHD 자녀를 둔 부모님들이 갖고 있는 대표적인 편견이, 약물 치료는 비약물 치료인 부모 역할훈련 프로그램, 인지행동치료, 놀이치료, 가족치료, 학습치료 등 다른 방법을 모두 시도해 보고 그래도 안 될 때 쓰는 최후의 보루로 여기는 것입니다. 하지만 그렇지 않습니다. 약물 치료는 최후의 방법이 아니라 아이의 상태에 따라 ADHD 치료에 활용되는 여러 방법 중 하나일 뿐이에요. 따라서 '약물도 하나의 대안이 될 수 있으며 필요하면 아이를 위해 선택하겠다'라고 생각하시길 권합니다.

끝으로 안전 문제에 대해 조언을 드리면, 아이 주변에 최대한 위험하지 않은 환경을 조성해야 합니다. 유치원이나 학원에 보낼 때는 가급적 1층에 있는 곳이 좋고, 대로변에 위치한 곳보다는 아이가 뛰쳐나왔을 때 울타리나 위험한 요소가 없는 곳이 좋습니다. 집 안에서도 베란다 같은 곳에는 최대한 잠금장치를 해두세요. 이미 안전사고를 겪었고 아이 스스로 통제할 수 없음을 부모님이 인지하셨다면, 자칫 위험할 수 있는 상황을 염두에 두고 적극적으로 예방해야 합니다.

약물 치료,
이런 때는 병행하면 좋습니다_ 언어의 문제

이번에는 약물을 고려해야 하는 두 번째 상황으로, 아이에게 언어 문제가 나타났을 때를 자세히 살펴보려고 합니다. ADHD 진단을 받은 어린이 중 약 60퍼센트에서 언어 문제나 관련 병력이 발견되곤 합니다. 바꿔 말하면 주의력이 언어에 직접적인 영향을 미치는 요인이라는 뜻이기도 하지요.

언어가 발달하기 위해서는 상대가 하는 말을 듣고, 표정을 살피고, 들은 언어를 재사용할 수 있어야 합니다. 이 과정을 가능하게 만드는 것이 바로 '집중'이에요. 그런데 ADHD 아이들의 경우 주의 집중력이 떨어지니 그만큼 말의 흡수와 재사용이 원활하게 이뤄지지 않고 언어 발달도 늦어지는 거지요. 정신과에서는 언어치료의 골든타임을 3~7세로 봅니다. 바로 그렇기 때문에 ADHD 증상이 언어 발달 지연에 영향을 미치고 있다면 약물 치료를 고려해야 한다고 말씀드리는 겁니다.

주의력이 떨어지는 ADHD, 언어 발달도 늦어지기 쉬워요

유미 어머님은 하나뿐인 딸이 말이 늦어지자 부랴부랴 아이를 병원에 데려온 경우입니다. 제가 "유미는 몇 살이야?"라고 물었는데도 아이는 대답 없이 저를 한참동안 쳐다보더니 다른 곳으로 시선을 옮겼습니다. 한 번 더 물으니 그제야 "다섯 살이요"라고 대답했어요.

어머님은 유미가 자폐증이 아닐까 의심하셨지만 제가 보기에 유미는 ADHD로 인해 그저 혼자 분주한 상태였습니다. 상대방에게 집중할 새가 없다 보니 상대방의 말을 듣고 이를 확장하는 과정 또한 없었던 거예요. 그대로 뒀다간 아이의 언어 발달에 부정적인 영향이 있을 것이라 보고 유미에게 약을 처방했습니다. 몇 달 후 다시 만났을 때 다행히 유미의 언어 문제가 굉장히 개선됐음을 볼 수 있었습니다.

"우리 유미, 새로 다니는 어린이집은 어때?"

"좋아요. 곧 물놀이도 하러 가요."

"와, 재미있겠다. 유미는 물 안 무서워?"

"무섭지만 괜찮아요. 선생님이 있으라는 곳에서만 놀려고요. 다른 아이들이 벗어나면 제가 못 가게 말릴 거예요. 다른 곳은 위험해요."

한눈에 봐도 단답형으로만 대답했던 아이가 주어, 목적어, 서술어를 정확히 구성해서 대답을 내놓았습니다. 처음에는 "네"라는 대답조차도 한참 뒤에 들어야 했지만 약물 치료가 들어가면서 말의 즉시성, 유창성, 주의 집중력 등이 다방면으로 호전된 거예요.

이럴 때는 반드시 아이의
언어 발달 상태를 살펴보세요

일반적으로 36개월 정도면 아이는 말귀를 알아듣거나 의사를 표현할 수 있습니다. 이게 가능해야 어린이집이나 유치원에 가서도 무리 없이 지낼 수 있지요. 만약 아이가 대소변을 못 가리고 옷에 실수를 했어요. 이 상황을 선생님께 '적절한 언어'로 표현하고 도움을 받아야 하는데, 언어 표현이 안 되면 당연히 불가능할 겁니다. 그러면 아이는 다시는 그곳에 가고 싶어 하지 않습니다. 가끔 어머님들이 아이가 잘 다니던 어린이집이나 유치원에 갑자기 안 가겠다고 떼를 쓰는 바람에 아침마다 전쟁을 치른다고 하시는데, 알고 보면 이런 경우도 적지 않습니다. 이처럼 언어 능력은 아이의 사회성 발달과 긴밀하게 연결돼 있는 만큼 제대로 짚고 넘어가야 합니다.

그렇다면 내 아이에게 언어 문제가 있는지 없는지 어떻게 확인해야 할까요? 정확한 진단이 필요한 과정인 만큼 전문가가 판단하는 것이 가장 좋습니다. 그럼에도 부모님이 참고하실 수 있는 기준을 알려드리고자 해요. 우선 24개월까지는 단어로 웬만한 의사 표현을 할 수 있어야 하고, 36개월이 되기 전까지는 문장으로도 말할 수 있어야 합니다.

어휘량도 중요한 기준입니다. 정상적으로 발달하고 있다면 24개월일 때 150~300개 단어를, 36개월일 때 500~1,000개의 단어를 배우고 구사합니다. 다섯 살부터는 그림이나 상황을 보고 인과관계에 따라 이야기를 구성하는 것도 가능합니다. 읽기 및 쓰기에 관심을 보이는 때이므로 아이에 따라 어휘 습득에 차이가 벌어지는 시기이기도 하지요.

만약 24개월까지 한 단어도 말하지 못한다거나 36개월까지 두 단어로 된 문장을 말하지 못한다면 반드시 전문가의 도움을 받아야 합니다. 옆에서 아이를 봤을 때 언어 지연까지는 아닌 것 같아도 말수가 적거나 단답형 문장만 구사한다면 검사와 진단을 받아보시길 권합니다.

이때 한 가지 주의사항이 있어요. 어느 기관이든 언어 능력을 검사할 때 40~50분 정도 시간이 걸립니다. 아이들에게는 결코 짧은 시간이 아니지요. 간혹 ADHD 아이들은 딴짓을 하거나 검사를 빨리 끝낼 목적으로 엉뚱하게 마치고 나오는 경우가 있습니다. 이렇게 되면 아이의 객관적인 상태를 파악하지 못 할 수도 있으니 아이가 지나치게 산만하거나 검사 시간을 견디기 어렵다고 판단된다면 전문가에게 미리 알려주세요. 그러면 검사를 잘 마칠 수 있도록 적절한 조치를 취해서, 아이의 상태를 보다 정확하게 살펴볼 수 있을 겁니다.

부모님들이 가장 궁금해하는
ADHD 약물 복용 Q&A 10

약물 치료를 고민하는 단계에 이르면 많은 부모님들이 이런 저런 부분을 걱정하시곤 합니다. "약은 몇 년을 써야 하나요?", "아이한테 정신과 약을 먹여도 성인이 됐을 때 별 문제가 없을까요?" 등 정말 다양한 질문이 나옵니다. 아직 어린 내 자녀가 정신과에서 처방한 약을 먹어야 한다고 생각하면, 부모님 입장에서는 충분히 하실 수 있는 고민입니다.

또 요즘은 인터넷 맘 카페나 유튜브 등에서 약에 대한 정보를 듣고 와서 "왜 이 병원에서는 이 약을 처방하지 않나요?"라고 질문하는 분들도 있으세요. 그런데 약은 철저하게 아이의 상태에 따라 처방돼야 합니다. 맘 카페에 올라와 있는 약물은 그 정보를 공유한 분의 자녀에게 유효하지, 우리 아이에게도 유효할 수는 없습니다. 이 부분을 반드시 기억해 주십사 부탁드리고 싶습니다. 그럼 지금부터는 진료실에서 부모님들이 자주 질문하시는 약물에 관한 궁금증을 하나하나 풀어보겠습니다.

Q. ADHD에는 어떤 약을 처방하나요?

우리나라 식품의약품안전처에서 허용한 약물에 한해 설명드리면 ADHD일 때 처방되는 약물의 종류는 다음과 같습니다.

식품의약품안전처가 허가한 ADHD 치료제

성분명	약품명	지속시간	용량과 제형
메틸페니데이트	페니드	3~4시간	5, 10mg 알약
	메디키넷	6~8시간	5, 10, 20, 30, 40mg 캡슐
	콘서타	12시간	36, 54mg 코팅정제
아토목세틴	스트라테라	24시간	10, 18, 25, 40, 60mg 캡슐
클로니딘	캡베이	24시간	0.1mg 알약

· 페니드

지속 시간은 약 3시간 정도로 짧은 편입니다. 따라서 아이의 상태나 상황에 맞춰 추가로 약을 쓰거나 여러 번 복용하는 방식으로 조절해야 합니다.

· 메디키넷

주로 초등학교 저학년 아이들에게 처방되는 약입니다. ADHD 약의 경우, 지속 시간이 너무 길어지면 수면이나 식욕에서 부작용을 불러올 수 있는데, 메디키넷은 이런 부작용이 적은 편입니다. 저학년 아이들은 정오~오후 1시면 수업이 끝나기 때문에 메디키넷만으로도 어느 정도 증상을 완화할 수 있습니다.

메디키넷은 장시간 몸속에서 서서히 약효를 발휘하게끔 제조된 서방성 과립 형태의 약물입니다. 따라서 알약 캡슐을 부수거나 씹지 말고 통째로 삼켜야 합니다. 만약 통째로 복용하기 어려운 경우에는 캡슐을 열고 내용물을 주스 등에 타서 복용할 수 있습니다.

· 콘서타

현재 가장 많이 처방하는 약입니다. 초등학교 3학년만 돼도 학교가 늦게 끝나고 아이가 소화해야 할 학원이나 과외 등 방과 후 일정이 늘어나는데요. 콘서타는 12시간 정도 효과가 지속됩니다.

코팅된 알약 형태로 이 역시 서방성 제제이기 때문에 알약을 씹어 먹거나 잘라 먹어서는 안 됩니다. 간혹 대변에서 약 껍질이 보일 수 있지만 약물은 흡수된 상태이니 걱정하지 않으셔도 됩니다.

이처럼 아이의 연령과 활동 시간, 학교 및 과외활동 일정, 부작용 등을 종합해 어떤 약을 먹일지 정합니다. 그러므로 아이의 평소 일과를 자세히 알려주시면 약물 치료를 시작할 때 적절한 도움을 받을 수 있습니다.

Q. ADHD에 처방되는 약들이 향정신성의약품이라고 들었습니다. 오남용 처방이 있을지 걱정이 됩니다.

정신과에서 처방하는 약들 중 일부는 '향정신성의약품'입니다. 오용하거나 남용할 경우 인간의 중추신경계에 영향을 줄 수 있어 조심해서 사용해야 하는 약물이지요. 흔히 향정신성의약품이라고 하면 흔히 '마약', '중독' 등을 떠올리는 경우가 많지만, 우리나라는 국가 차원에서 엄격하게 관리하는 약물입니다. 아이들의 경우 남용 가능성은 없다고 알려져 있지만, 가족 중 누군가가 남용할 위험성이 있는 경우에는 주치의와 상의해야 합니다.

Q. ADHD가 만성질환이면 그만큼 약도 오래 먹여야 할 텐데요. 오래 먹으면 체내에 쌓여 건강에 해롭지 않을까요?

현재 ADHD 치료에 쓰이는 약들은 1930년대부터 사용돼 온 것들로 오랜 시간에 걸쳐 안전성이 입증돼 오늘날까지 쓰이고 있습니다. 이 약을 처음으로 개발하고 사용했던 미국에서는 유년기 시절부터 약을 복용한 이들이 성인 혹은 노인이 됐을 때의 몸 상태, 장기적인 부작용 등에 대한 연구와 검증을 이미 완료했습니다.

Q. 약을 먹였을 때 나타날 수 있는 부작용으로는 어떤 것이 있나요?

식욕감소, 잠이 잘 오지 않는 수면 문제, 두통 및 복통, 시각·청각·촉각 등 자극에 대한 예민성 증대 등이 있습니다. 이러한 부작용은 대체로 복용량과 관련 있으며, 용량을 조절할 경우 대부분의 부작용은 수주 안에 감소합니다. 다양한 부작용 중 부모님들이 가장 걱정하시는 것은 식욕감소입니다. 한창 자라야 할 시기에 먹는 양이 줄었다가 아이가 안 크면 어쩌나 하고 당연히 걱정이 되실 거예요. 참고로 그간의 연구 결과들을 종합해 보면, ADHD 약물이 어린이의 체중과 신장에 미치는 영향은 크게 염려할 정도가 아니라는 결론이 나왔습니다. 하지만 정기적으로 체중 및 신장을 살펴보는 것은 필요합니다. 아이의 식욕감소로 인한 발육 부진이 걱정될 경우, 임의로 약을 끊지 마시고 반드시 주치의와 의논해 주세요. 아이의 발육 상태와 ADHD 증상을 고려해 용량이나 기간 등을 조절할 수 있습니다.

예를 들어 제 환자 중에 저체중과 평균 체중을 왔다 갔다 하는 아이가 있었습니다. 안 그래도 키가 작고 마른 아이라는 점을 고려하지 않을 수 없었지요. 이런 경우에는 학기 중에는 약을 먹게 하고, 방학이 되면 복용을 잠시 중단하는 방법도 있습니다. 그렇게 해서 아이가 확실히 평균 체중에 들어왔다 싶으면 다시 약을 복용하게 하는 것이지요. 이를 '약물 휴식기'라고 합니다. 한편 다양한 부작용에 대처하는 방안으로는 다음과 같은 것들이 있습니다.

· 식욕감소
식후 복용으로 부작용을 최소화할 수 있으며, 다른 약물로 대체하기도 합니다.

· 수면 문제
약 먹는 시간을 조정하거나 작용 시간이 짧은 약물로 바꾸는 것이 도움이 될 수 있습니다.

- 두통·복통

 처음에는 소량으로 시작해서 서서히 복용량을 늘리거나 식후 복용으로 부작용을 최소화할 수 있습니다.

- 자극 예민성

 약물 치료를 시작한 초기 단계에 보일 수 있는 증상이지만 대개 한두 달 지나면 안정됩니다. 이후에도 증상이 지속되면 불안장애 등을 포함한 다른 문제를 고려해야 할 수도 있으므로 반드시 주치의와 상의해야 합니다.

Q. 정신없이 뛰어다니고 산만하던 아이가 약을 먹고 나면 축 처지는 것 같습니다. 괜찮은 걸까요?

처음 약을 먹이면 간혹 긴장하거나 가라앉는 느낌이 든다고 말하는 아이들도 있습니다. 과격한 행동, 무턱대고 몸부터 쓰는 모습이 줄어든 것에서 제일 먼저 변화를 느끼실 거예요. 물론 약 기운이 떨어지면 아이는 다시 에너자이저로 돌아옵니다. 마치 스위치를 켜고 끄는 것처럼 말이지요. 이 때문에 학교에서는 얌전히 지내다가도, 방과 후 학원이나 집에서 문제 행동이 다시 나타나는 아이도 있습니다.

Q. 약 복용량은 어떻게 정하는지 궁금합니다.

아이의 몸무게가 기준입니다. 일반적으로 몸무게 1kg당 1.1mg 정도를 기준으로 양을 정하지요. 즉 아이 체중이 20kg라면 20mg, 체중이 30kg라면 30mg 정도를 먹이는 겁니다.

Q. 도중에 약 종류나 복용량을 변경할 때면 걱정이 됩니다. 새로운 약으로 변경된 후 며칠 정도 지켜봐야 하나요?

아이 체중이 늘었거나 약물의 효과가 미미할 경우 어쩔 수 없이 복용량을 늘려야 하는 상황이 오기도 합니다. 이 경우 약 종류를 바꾸거나 복용량을 변경해서 처방한 후 2~3주간 아이의 상태를 지켜봅니다. 특별한 부작용이 없는지, 아이에게 잘 맞는지, 효과가 있는지 등을 살피는 거지요. 만약 별일이 없으면 그 상태를 유지하며 두 달 정도 더 관찰을 이어나갑니다. 하지만 충분한 양을 써도 별 효과가 없으면 약의 종류를 바꾸거나 다른 약을 함께 투여하는 것을 고려하기도 합니다.

Q. 약을 꾸준히 먹이다가 주치의와 상의하지 않고 중단했습니다. 그랬더니 아이에게서 다시 ADHD 증상이 나타납니다. 기존에 가지고 있던 약을 아이에게 먹여도 괜찮을까요?

설명드렸듯이 아이 체중을 근거로 복용량을 결정합니다. 한

창 성장기에 있는 아이들인 만큼, 다시 진료를 받고 새롭게 처방받기를 권하고 싶습니다.

ADHD 약물은 초반에는 과잉활동이나 충동적인 행동을 완화하고, 나중에는 주의 집중력 부족을 개선해 줍니다. 이 말은 부작용이 걱정돼 어중간한 상태에서 복용을 멈추면 약이 보여줄 수 있는 최대 효과를 보지 못한다는 뜻이기도 합니다. 그러니 담당 의사와 상의하지 않고 임의로 약을 중단하지 않아야 합니다.

Q. 아이가 감기에 걸렸습니다. 아플 때도 ADHD 약을 먹어야 하나요?

종류에 따라 약물이 간에서 대사될 때 혈중 농도에 영향을 미칠 수도 있습니다. 대부분은 별다른 문제가 나타나지 않지만, 혹시 모를 부작용이 생길 수 있으므로 전문의와 상의하는 것이 좋습니다. 만약 아이가 자주 복용하는 약물이 있다면 처방전을 준비해 주치의 선생님과 논의하시길 권합니다.

Q. 아이가 약 먹는 것을 거부하거나 엄마 몰래 약을 버린 사실을 알게 되면 어떻게 해야 할까요?

처음에는 약물에 거부감을 가지던 부모님들도 일단 약물이 가져다주는 효과를 경험하고 나면 그때부터는 달라지시곤 합니다. '아이의 의사'보다 '약물 복용'을 우선하시기도 해요. 따라서 아이가 약 먹는 것을 거부하면 부모님 입장에서는 감정적으로 대응하기가 쉽습니다. 아이가 약을 먹고 증상이 완화되는 동안 평화로웠던 일상이 깨진다고 생각하면 그럴 수밖에 없을 겁니다.

하지만 이때 절대로 감정적으로 대응해서는 안 됩니다. 아이가 약을 거부하는 이유를 확인하는 게 첫 번째입니다. 제대로 표현하지는 못해도 아이 나름대로 부작용을 느껴서 거부하는 것일 수도 있습니다. 간혹 약의 힘이 아닌, 아이 스스로 이겨내 보고 싶은 마음에 거부하는 경우도 있어요. 약을 거부하는 행동에 초점을 맞추지 말고 '왜 거부하는지' 아이의 마음을 물어봐 주세요. 만약 대화가 되지 않고 아이가 계속해서 거부한다면 주치의에게 공을 넘겨 도움을 받으시면 됩니다.

빠른 치료 효과를 위해
'투 트랙 전략'을 기억해 주세요

집에서는 가족들과 전쟁을 벌이고, 밖에서는 동네 친구들과 문제를 일으켜 항의 전화를 받던 아이가 꾸준히 ADHD 약을 먹으면서 달라지는 것을 종종 보게 됩니다. 산만하고 과격한 행동이 사라지고 아이가 이전보다 얌전해진 모습을 보이면서, 아이를 기피하던 친구들도 호의적인 태도를 보이고 손을 내밀지요. 결과적으로 아이의 교우 관계나 사회성에도 긍정적인 영향이 나타납니다. 이렇게 되면 손상됐던 아이의 자존감이나 자신감도 차츰 회복될 수 있습니다.

물론 약물만으로 ADHD 증상이 쉽게 좋아지는 것은 아닙니다. 여러 가지 훈육과 훈련이 종합적으로 이뤄져야만 눈에 띄는 치료 효과를 기대할 수 있습니다. 결과적으로 ADHD 치료에는 약물 치료와 다른 치료를 병행하는 '투 트랙 전략'이 필요합니다. ADHD는 단거리달리기가 아닌 장거리마라톤이거든요. 그러니 ADHD 치료에 있어 제한이나 편견을 두지 마시고 주치의와 상의해서 아이를 위해 가장 좋은 방법이 무엇일지 고민해 주시기를 부탁드립니다.

영유아 나이별 언어 발달단계

아이의 기질과 성향에 따라 예외가 있을 수 있으므로 아래 표는 참고 자료로 활용하시고, 언어 발달에 특이점이 관찰된다면 반드시 전문가와 상담하시기 바랍니다.

	언어의 이해	언어의 표현
8 ~ 12 개월	• 이름을 부르면 잠시 활동을 멈추고 부르는 쪽을 향해 고개를 돌림. • 제지하면 행동을 멈추기도 하고 '빠이빠이, 도리도리' 등 간단한 몸짓을 이해할 수 있음. • 간단한 질문을 이해해서 행동함 (예: "아빠는 어디 있어?"라는 질문에 주변을 두리번거림). • 말하는 사람의 얼굴을 쳐다봄. • 상대의 목소리, 얼굴 표정, 몸짓 등에서 자신을 예뻐하는지 혹은 야단치는지 분위기를 파악함.	• 장난감 소리, 동물 소리 혹은 어른의 소리를 모방함. • 여러 음절로 옹알이를 함. • 부모에게 반응하려고 노력하거나 요구를 표현하려고 손짓이나 말소리를 사용함. • 1~2개 단어는 정확하게 사용할 수 있음(맘마, 까까, 엄마 등).

314

언어의 이해	언어의 표현
• '누구, 무엇' 등 간단한 의문사의 뜻을 이해함.	• 성인과 유사한 억양을 사용함.
• 기본적인 신체 부위를 구분함.	• 일관성 있게 사용하는 낱말이 1~3개가 있음.
• 인칭대명사 '너, 나'를 구별할 수 있음.	• 새로운 낱말을 모방함.
• 연결된 두 가지의 지시를 따를 수 있음.	• 의사소통을 위해 몸짓보다는 낱말을 더 사용함.
• 일상용품에 해당하는 그림을 인지함.	• 사용하는 낱말의 수가 점차 증가함.
• 5개 이상의 물건 가운데서 특정 물건의 이름을 말하면 한 가지 물건을 선택함.	• 2개의 낱말로 구성된 문장을 사용함.
• 동작동사를 이해하고 행동할 수 있음(예: "아기가 씻고 있네.").	• 이름을 사용해 자신을 지칭함(예: "은지 배고파.").
• 친숙한 사물의 명칭을 이해하며, 말하면 가지고 옴.	• 질문할 때 적절한 억양을 사용함.
• 부정어 '없다, 하지 마' 등을 이해함.	• 매우 빈번하게 자음(ㄷ, ㄴ, ㅎ 등)을 사용함.
• 일상적인 동사 '와, 먹어, 앉아' 등의 의미를 이해함.	• 2~3음절 단어를 모방할 수 있음.
• 시제 표현 '지금'을 이해함.	• 친숙한 사물 5개 정도를 정확하게 말함(공, 멍멍, 빠방 등).
	• 어른이 알아듣기는 어려우나 오랫동안 혼자 이야기를 하면서 놀이를 함.
	• 사물의 이름을 끊임없이 질문함.
	• 두 단어를 조합해 문장으로 말할 수 있음(예: "빠방 타.").

(표 왼쪽: 12~24개월)

언어의 이해	언어의 표현
24 ~ 36 개월	

<table>
<tr><td>

24 ~ 36 개월

</td><td>

- 세부적인 신체부위를 인지함.
- 일상생활 속 사물의 기능을 이해하여 분류함(손잡이, 바퀴 등).
- 크기나 상태를 나타내는 낱말, 위치어를 이해함.
- 그림책을 보며 의문사를 사용한 질문을 이해함(누가 뛰어가니?).
- 연관된 세 가지 지시를 이해함 (예: "장난감을 꺼내서 이리로 가지고 와서 엄마한테 줘").
- 위치를 가리키는 부사 '안, 밖, 위, 아래' 등을 이해함.

</td><td>

- 2~3개 낱말로 된 구/문장을 사용함.
- 의사소통을 위해 2~3개 낱말로 된 문장을 사용함.
- 대명사와 의문사를 사용함.
- 과거형 동사를 사용하여 표현함 (예: "아빠 회사 갔어").
- 자신의 경험을 간단하게 말할 수 있음.
- 부사를 사용하여 문장을 말함 (예: "아빠 천천히 가").
- 부정어를 사용하여 문장을 말함 (예: "안 먹어").

</td></tr>
<tr><td>

만 3 ~ 4 세

</td><td>

- 상대적인 의미를 이해함.
- 물건의 기능을 이해함.
- 간단한 유추를 할 수 있음.
- 1,200~2,000개 이상의 수용 어휘(듣거나 봐서 이해할 수 있는 어휘)를 습득함.
- 단어의 상대적인 의미를 이해함(서다-가다, 위-아래, 큰-작은).
- 성인과 친구들을 조정하려고 함.
- 과거와 미래를 인식함.

</td><td>

- 단순한 질문에 대답을 하거나 단순한 질문을 함(누가, 무엇, 어디, 왜).
- 접속사 '왜냐하면'을 사용함.
- 질문이 다양해지고 구체적인 반응을 요구함.
- 언어로 감정을 표현함.
- 4~6개 낱말로 구성된 문장을 사용하며 그 빈도가 점차 증가함.
- 800~1,500개 이상의 표현 어휘 (직접 말이나 글로 사용할 수 있는 어휘)를 습득함.

</td></tr>
</table>

언어의 이해	언어의 표현
	• 6~13개 음절로 이뤄진 문장을 정확히 따라 할 수 있음.
	• 말하는 속도가 빨라져 80퍼센트는 명료하게 말할 수 있음.
	• 자음의 50퍼센트 정도를 올바르게 발음할 수 있음.
	• 모든 의문사를 사용할 수 있음.
	• 일어난 순서에 따른 두 가지 사건을 이야기할 수 있음.
	• 미래시제, 진행형을 사용할 수 있음.

만 4~5세

언어의 이해	언어의 표현
• 공간에 대한 개념을 이해함.	• 90퍼센트 정도의 자음을 정확하게 나타냄.
• 기능에 대한 질문에 대답함.	• 문법적으로 정확한 문장을 사용할 수 있음.
• 짧고 단순한 이야기를 경청할 수 있음.	• 숫자를 10까지 외워서 셀 수 있음.
• 두 부분으로 돼 있는 복잡한 질문에 대답함.	• 낱말의 정의를 질문하며 4~8개 낱말로 구성된 문장을 사용함.
• 1~3개의 색을 인식할 수 있음.	• 낯선 사람이 들어도 알아들을 수 있게 명료하게 발음함.
	• 긴 이야기를 정확하게 연결할 수 있음.
	• 이야기를 주의 깊게 듣고, 연관된 간단한 질문도 할 수 있음.

언어의 이해	언어의 표현
• 집단에게 주어진 지시를 수행함. • 이해하는 어휘 수가 지속적으로 증가함. • 최소 여섯 가지 기초적인 색깔과 세 가지 기초적인 모양을 표현할 수 있음. • '어떻게'를 이용해 질문하기 시작함. • '안녕'과 같은 인사말에 구어로 대답함. • 과거 및 미래시제를 적절하게 사용함. • 접속사를 사용함. • 약 1만 3,000개 정도의 표현 어휘를 습득함. • 반대말을 말할 수 있음. • 요일을 순서대로 말할 수 있음. • 숫자를 30까지 외워서 셀 수 있음.	• 접속사를 사용하고 상세한 문장을 구사함. • 성인 및 다른 아동과 원활하게 의사소통을 할 수 있음. • 대체로 문법을 적절하게 사용함. • 때때로 음소를 바꿔 발음함. • 정보를 교환하거나 질문함. • 노래를 끝까지 부르고, 이야기를 정확하게 엮어나갈 수 있음.

만
5
~
6
세

언어의 이해	언어의 표현
• '왼쪽, 오른쪽'을 이해함. • 약 2만 개의 수용 어휘를 습득함. • 대부분의 시간적 개념을 이해함. • 순서대로 수를 셀 수 있음. • 좀 더 복잡한 묘사가 가능해짐. • 대략 6개 낱말 정도의 문장 길이를 나타낼 수 있음. • 한글 철자를 외우기 시작함. • 숫자를 100까지 외워서 세기 시작함.	• 인물, 배경, 사건 등을 대부분 포함해 이야기를 구성함. • 철자, 숫자, 돈 단위를 명명할 수 있음. • 대부분의 문법을 올바르게 사용함. • 수동형 문장을 적절하게 사용함.

만 6 ~ 7 세

ADHD 우리 아이
어떻게 키워야 할까

초판 1쇄 발행 2022년 10월 5일
초판 10쇄 발행 2024년 9월 2일

지은이 신윤미

발행인 이봉주 **단행본사업본부장** 신동해
편집장 김예원 **책임편집** 김보람
진행 방미희 **교정교열** 신나래 **표지디자인** 어나더페이퍼
마케팅 최혜진 이인국 **홍보** 반여진 허지호 송임선
제작 정석훈

브랜드 웅진지식하우스
주소 경기도 파주시 회동길 20
문의전화 031-956-7352(편집) 031-956-7089(마케팅)
홈페이지 www.wjbooks.co.kr
인스타그램 www.instagram.com/woongjin_readers
페이스북 https://www.facebook.com/woongjinreaders
블로그 blog.naver.com/wj_booking

발행처 ㈜웅진씽크빅
출판신고 1980년 3월 29일 제406-2007-000046호

© 신윤미, 2022
ISBN 978-89-01-26463-9 (13590)